드론 정비 개론

드론 정비 자격증 시대를 완벽 대비!

드론 정비개론

김영준・유지창・장선호・최명수・홍성호(호그린에어) 저 | 류지형 감수

BM (주)도서출판 성안당

저자 서문

4차 산업혁명의 중심이라고 할 수 있는 '드론', 즉 두인항공기(UAV; Unmanned Aerial Vehicle)는 조종사가 탑승하지 않은 항공기로서 군사 목적으로 사용하기 시작했다. 하지만 시대와 흐름을 걸쳐 지금은 다양한 종류의 드론으로 누구나 운용할 수 있게 되었다.

드론의 활용도가 높아지면서 이에 따른 자격증도 인기가 급증해서 많은 사람들이 보유하거나 취득하고 있다. 드론은 현재 '초경량 비행 장치 무인 멀티콥터'라는 명칭을 사용하고 있다.

처음에는 드론이 장난감으로 취미 쇼핑검색 1위를 할 정도로 인식되었다. 그러나 지금 드론은 장난감 이미지를 탈피해서 방송매체를 통해 산업용으로 사용될 뿐만 아니라 앞으로 더욱 폭넓은 분야에서 활용될 것이라고 드론에 대한 인식이 크게 바뀌면서 이에 대한 관심도가 직업적인 영향으로 미치게 되었다.

대형 기체(12kg 이상)를 운용하는 데 필요한 자격증이 생기고, 대학교에는 드론학과가, 군대에는 드론/UAV 운용병과가 생겼다. 또한 직업전문학교에서도 드론 관련 직업 분야가 생겼을 정도로 드론의 관심도와 응용 가능한 분야를 체감할 수 있다.

항공촬영용 드론, 농업용 드론, 산업용 드론, 취미용 드론(레이싱 드론) 등으로 분류되어 많이 사용하는데, 그중에서도 항공촬영용 드론이 대표적으로 많이 사용되고 있다. 농촌에서는 농업용 드론이 많은 관심을 받고 있으며, 레이싱용 드론은 세계적인 대회와 선수가 생길 만큼 취미용 드론으로 각광받고 있다.

현재 드론은 중국시장이 세계를 선점하고 있는 가운데 그 중심에는 DJI라는 회사가 있다. DJI는 다른 중국 기업과는 달리 설립 당시부터 내수 시장이 아닌 국제 시장을

DRONE MAINTENANCE

겨냥했다. 그 결과, 매출 중 85%가 수출이며, 세계 민간용 드론 시장에서 시장 점유율 1위를 차지하고 있다.

반면 드론 택시를 선보인 중국의 '이항'과 컴퓨터 CPU(Central Processing Unit)로 유명한 '인텔'에서는 한 번에 1,000대 이상의 드론을 운용하는 군집비행을 통해 장관이라고 할 만한 기동성을 선보였다. 인텔의 경우 2018 평창올림픽에서 1,218대의 드론으로 오륜기 형상을 만드는 등 다양한 기동성으로 개막식을 화려하게 장식했다. 이항과 인텔은 현재도 군집비행을 운용하는 드론 숫자로 기네스 기록을 계속 갱신하고 있는 중이다.

여러 가지 분야와 목적으로 세계적인 무대에서 무섭게 발전하고 있는 드론, 우리는 드론에 대해 얼마나 알고 있으며 제대로 운용하고 있을까? 4차 산업의 중심이지만 무분별한 운용으로 사고율이 급증하고 피해자도 계속 늘어나고 있다. 이러한 사고에는 기체 결함보다 부주의에 의한 사고율이 대부분을 차지하고, 항공법을 모르는 상태에서 운용하다가 발생한 사고가 중대 과실로 포함되어 범법으로 이어지기도 한다.

이에 저자는 드론을 운용하는 데 있어서 항공법 숙지 및 드론의 구조와 이해도를 넓히고, 사전에 충분한 점검을 통해 사고율 저하와 확실한 드론 운용과 정비를 목적으로 하면서 안전성을 확보하려고 한다.

사람은 실수할 수 있다. 하지만 실수가 반복되어서는 안 된다. 충분한 안전성이 확보되지 않은 드론과 부주의 때문에 본인이나 타인에게 피해가 가지 않았으면 한다.

저자 김영준, 유지창, 장선호, 최명수, 홍성호

감수자 서문

지난 평창 동계올림픽에서는 경기 관전 이외에 1,218대의 드론이 하늘에서 만들어내는 다양한 그림이 사람들의 이목을 크게 끈 이벤트가 있었습니다. 많은 사람들이 다양한 분야에서 드론을 활용한 산업을 자주 접하고 있고, 국방과 문화, 예술, 물류 등 여러 분야에서 드론의 활용 가능성이 크게 높아지고 있습니다. 국방 분야에서 각광받던 UAS(Unmanned Aerial Systm)나 드론을 최근 산업현장에 적용하려는 노력이 더욱 많아지고 있습니다. 또한 민간에서도 취미 활동을 통해 많은 상업용 드론이 소비되고 있습니다. 이와 같이 앞으로도 많은 사람들이 드론을 활용한 애플리케이션을 개발하고 활성화하고 있기 때문에 우리의 하늘을 수많은 드론이 종횡무진할 날이 머지않았습니다.

현재 대형기체 이상 또는 상업용 드론을 운용하려면 드론 조종자 자격증이 꼭 필요합니다. 또한 군에서도 드론 운용부대가 늘어남에 따라 드론을 조종할 수 있는 병사를 선발하고 있습니다. 이렇게 드론의 조종 기술이 중요하게 대두되었지만, 드론을 안전하게 운용하려면 드론 기체의 사전 점검 및 정비도 반드시 필요합니다. 최근에는 드론을 개발할 때 장애물 회피, Fail Safe 기능이 강화되어 조종이 미숙해도 최대한 비행이 가능하도록 설계하는 추세입니다. 따라서 드론 기체가 잘 정비되어 있고 사용자가 드론 운용에 필요한 법률 등의 지식을 충분히 숙지하고 있다면, 비교적 안전하게 드론을 운항할 수 있습니다.

드론 기체를 사전 점검 및 정비하려면 드론을 구성하는 각각의 요소에 대한 기초 지식이 필요합니다. 이 책에서는 드론의 각 요소에 대한 기초 지식을 소개할 뿐만 아니라 드론을 안전하게 운용하기 위해 고려해야 할 법률상식까지 알려주고 있습니다. 독자 여러분들은 이 책을 통해 드론의 각 요소들이 잘 동작하는지 확인 및

DRONE MAINTENANCE

정비하여 드론을 안전하게 운항하게 될 것입니다. 실제 드론의 시험비행에서는 다양한 절차를 통해 비행 전 점검을 하고 안전사고에 대비하고 있습니다. 이 책에서는 현업에서 드론을 개발할 때 얻은 경험과 지식을 잘 전달하고 있습니다. 독자 여러분께서도 이러한 노하우를 간접적으로 습득하고 드론을 안전하게 운행하기를 바랍니다.

감수자 류지형

CONTENTS

저자 서문 7
감수자 서문 9

PART 1 비행 원리

Chapter 1 • 공기역학 18
1. 공기역학 18
2. 비행역학 22

Chapter 2 • 조종 및 추진 원리 27
1. 드론의 조종 27
2. 추진 원리 29

PART 2 정비의 개요

Chapter 3 • 정비의 개념 36
1. 항공기 정비의 목적 및 개요 37
2. 항공기 정비의 분류 및 단계 37
3. 항공기 정비의 등급 및 정비 기지의 종류 39
4. 드론 정비 규칙 40

Chapter 4 • 드론의 기초 정비 41
1. 드론의 구성 41
2. 드론의 정비 41

Chapter 5 • 지상 안전 46
1. 지상 안전의 책임과 사고 방지 46
2. 상황별 지상 안전 48
3. 조종자 준수 사항 53

PART 3 · 드론 기체

Chapter 6 • 드론의 구조 ··· 58
  1. 프레임 ·· 58
  2. 모터 ·· 61
  3. 변속기 ·· 65
  4. 프로펠러 ·· 69
  5. 조종기 ·· 74
  6. FC ·· 78
  7. 추가 장치 ·· 82

Chapter 7 • 드론의 재료 ··· 87
  1. 기체 ·· 87
  2. 체결 공구 ·· 90

Chapter 8 • 드론의 구조 강도 ··· 92
  1. 무게 ·· 92
  2. CG(Center of Gravity) ·· 93

PART 4 · 드론 장비

Chapter 9 • 드론의 전기 계통 ··· 98
  1. Pixhawk2 ·· 98
  2. DJI A3, A3 Pro ·· 102

Chapter 10 • 드론 센서 ··· 107
  1. 센서(Sensor) ·· 107
  2. 드론 센서 ·· 108

Chapter 11 • 매개변수 ··· 114
  1. Pixhawk2(Mission Planner) ·· 114
  2. DJI A3 – A3 Pro ·· 123

Chapter 12 • 드론 통신 · 131
  1. 통신, 주파수, 채널, 드론 통신의 개요 · 131
  2. 통신 주파수와 드론 통신 · 133

PART 5 안전 및 인적 요소

Chapter 13 • 항공법 · 146
  1. 항공법 개요 · 147
  2. 초경량 비행 장치 신고 · 148

Chapter 14 • 초경량 비행 장치의 안전성 인증
  1. 안전성 인증 · 151
  2. 안전성 인증 예외 대상 · 151

Chapter 15 • 초경량 비행 장치의 비행 승인 및 공역
  1. 공역 · 153
  2. 초경량 비행 장치 비행 제한 공역 · · · · · · · · · · · · · · · · · · · 154
  3. 초경량 비행 장치 승인 · 155

Chapter 16 • 초경량 비행 장치 조종자 등의 준수 사항
  1. 조종자 준수 사항 · 160

Chapter 17 • 행정 처분
  1. 벌칙 · 162
  2. 벌금 · 164
  3. 과태료 · 164

Chapter 18 • 스트레스로 인한 결함 · 167
  1. 인적 요인(Human Factors)과 인적 오류(Human Error) · · · · · 167
  2. 드론과 관련된 사고 사진 · 175

PART 6 드론 관리

Chapter 19 • 기체 관리 ··· 178
    1 외관 관리 ··· 178
    2 기체 검사 ··· 179
    3 기체 부식 ··· 179
    4 기체 이동 ··· 181

Chapter 20 • 배터리 관리 ····································· 182
    1 배터리의 종류 ·· 182
    2 배터리 충전법 ·· 185
    3 배터리 구입 ·· 188
    4 배터리 보관 ·· 189
    5 사용 시 주의사항 ···································· 191

Chapter 21 • 기자재 관리 ····································· 193
    1 프로펠러 ·· 193
    2 모터 ·· 194
    3 변속기 ··· 195

Chapter 22 • 비행 상태 확인 ································ 196
    1 비행 전 준비 사항 ··································· 196
    2 비행 ·· 198
    3 오류 메시지의 종류 ································· 200

Chapter 23 • 정비기록부 ······································ 203

PART 7 드론 운용법

Chapter 24 • 수동 비행 및 자동 비행 · 208
　　　　　　1 수동 비행 · 208
　　　　　　2 자동 비행 · 211

Chapter 25 • 지상관제시스템(GCS) 운용 · 221
　　　　　　1 지상관제시스템(GCS) · 221
　　　　　　2 시스템의 구성 · 223
　　　　　　3 지상관제시스템(GCS)의 종류 및 운용 방법 · · · · · · · · · · · · · · 225

• 참고 문헌 및 사진 출처 · 231
• 찾아보기 · 234
　용어 색인 · 234
　주석 색인 · 237

Part 01 비행 원리

작은 항공기부터 큰 우주선, 로켓까지 모든 비행체는 다른 형태를 가지고 있지만, 양력, 중력, 추력, 항력과 같은 힘의 작용을 받아 비행을 한다. 따라서, 비행 원리를 알기 위해 위의 힘을 연구하는 공기역학과 항공역학, 조종 및 추진 원리를 이해하고 비행 날개의 원리 및 드론의 추진 원리에 대해 알아본다.

drone maintenance

Chapter 1 공기역학

Chapter 2 조종 및 추진 원리

Chapter 1 공기역학

비행을 하기 위해선 공기역학과 비행역학의 이해가 필요하다. 공기역학은 공기의 흐름을 다루는 유체역학의 한 분야로, 움직이는 물체와 공기가 상호작용할 때의 흐름을 말한다. 비행역학은 비행 중인 비행체가 기류로 받는 여러 상황을 연구하는 유체역학의 한 분야를 말한다.

1 공기역학

가 공기역학

공기역학(空氣力學, Aerodynamics)은 유체역학의 한 분야로서 공기의 흐름을 다루며, 특히 움직이는 물체와 공기가 상호작용할 때의 흐름을 말한다. 공기역학은 유체역학 및 기체역학과 밀접한 관련이 있다.

나 대기의 구성

① 대기의 구성 요소는 질소 78%, 산소 21%, 기타 1%(아르곤과 이산화탄소 등)의 비율로 이루어져 있다.

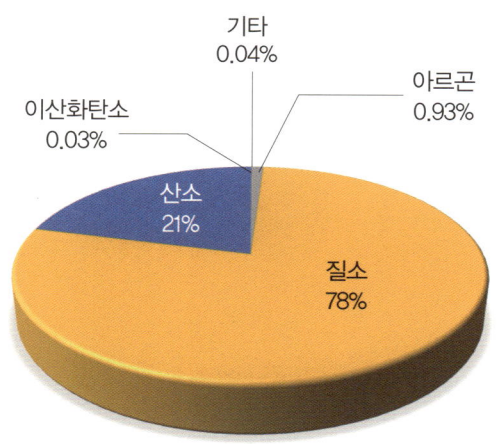

[그림 1-1] 대기의 구성 요소

② 대기권은 대류권(기상권), 성층권(11~50km), 중간권(50~80km), 열권(약 80~300km), 극외권(300km 이상)으로 구성되어 있다.

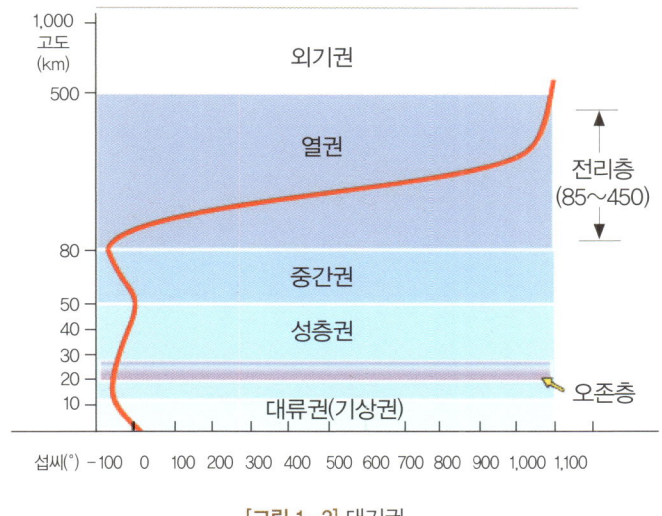

[그림 1-2] 대기권

다 공기의 성질

① 공기의 흐름은 유체 밀도와 시간 경과에 따른 흐름 상태, 그리고 점성에 의해 분류되며, 이에 따른 영향을 받는다.
② 멀티콥터에서 비행 중의 공기는 유체가 빠르게 흐르면 압력이 감소하고, 느리게 흐르면 압력이 증가한다는 베르누이 법칙이 적용되기도 한다.

라 날개 이론

1) 날개골의 명칭

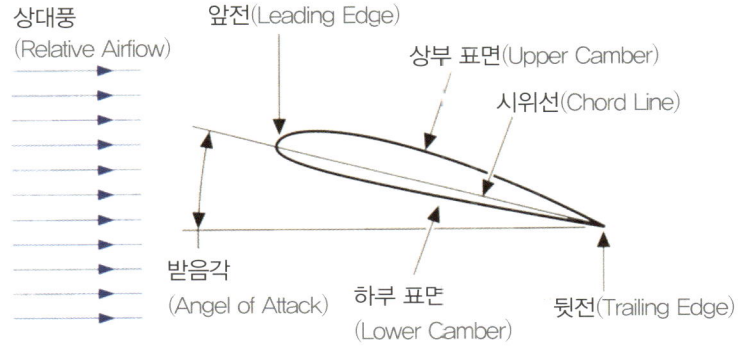

[그림 1-3] 날개골의 명칭

① 날개골은 '에어포일(Airfoil)[1]'이라고도 부르고, 앞전, 뒷전, 시위 및 시위선, 두께, 평균 캠버선, 캠버, 앞전 반지름(반경), 받음각으로 구분된다.

② 날개골의 역할은 항공기를 부양시키는 양력을 발생시키고, 수평과 수직, 안전판과 같이 안전성을 제공해 주며, 항공기의 조종과 추진력을 발생시킨다.

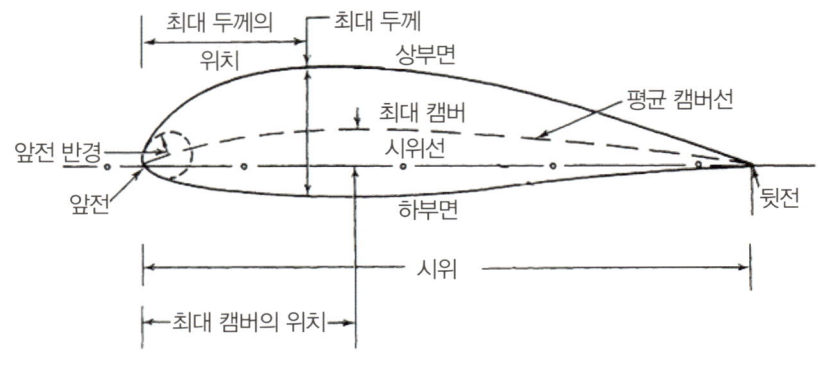

[그림 1-4] 날개골의 명칭 ❷

2) 날개의 종류

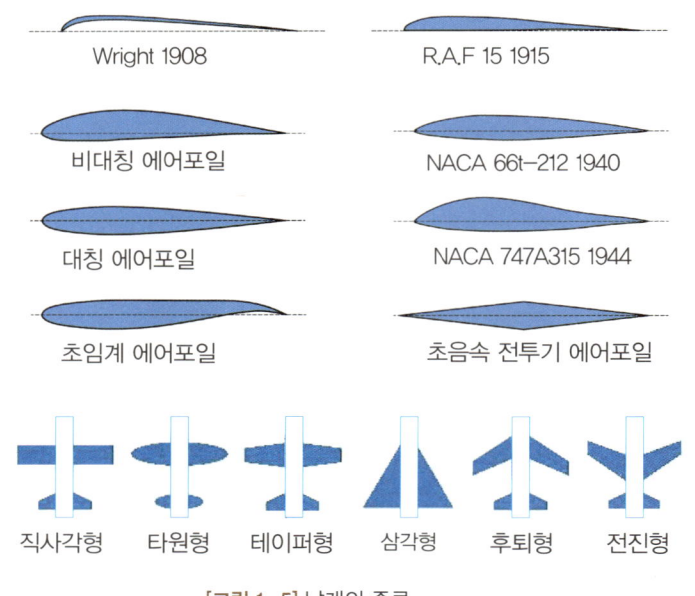

[그림 1-5] 날개의 종류

---

[1] 에어포일(Airfoil): 양력을 최대화하고 항력을 최소화하도록 효율적으로 만든 유선형의 날개 단면

3) 날개 두께의 영향

① 두께가 얇은 날개는 받음각이 작을 때 항력이 적지만, 받음각을 크게 취하면 쉽게 기류박리[2]가 일어나 항력이 급격히 증가된다.

② 받음각을 크게 취할 수 없는 단점이 있고, 날개의 두께가 얇기 때문에 강도도 낮아진다.

③ 반대로 두꺼운 날개인 경우 받음각이 작을 때 날개 두께에 의한 항력은 크게 나타난다. 받음각을 크게 취하면 항력이 커져도 많은 양력을 얻을 수 있고, 날개가 두껍기 때문에 날개의 강도도 높다.

마 붙임각(취부각)과 받음각(영각)

1) 붙임각(취부각)

에어포일의 익현선과 로터 회전면이 이루는 각을 '붙임각'이라고 하는데, 이것을 일반적으로 '블레이드 피치각'이라고도 한다.

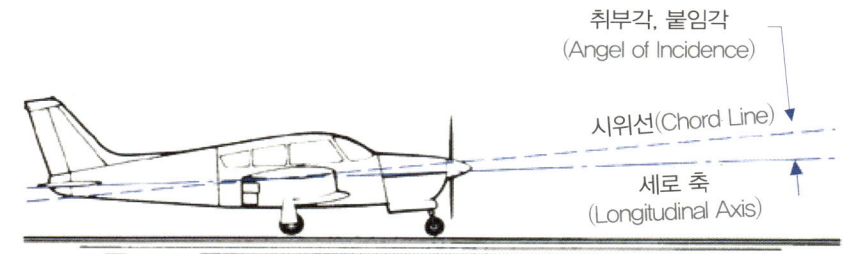

[그림 1-6] 붙임각(취부각)

2) 받음각(영각)

받음각(영각)은 에어포일의 익현선과 합력 상대풍의 사잇각을 말하며, 공기역학적인 각이므로 붙임각의 변화가 없어도 변할 수 있다. 받음각이 커지면 양력이 커지고, 반대로 항력은 감소하는 연관관계가 있기 때문에 양력과 항력의 크기를 조절하는 데 중요한 역할을 한다.

---

2 기류박리: 표면에 흐르는 기류가 풍판의 표면과 공기 입자 간의 마찰력 때문에 표면으로부터 떨어져 나가는 현상을 말한다. 또한 항공역학적인 측면에서 박리는 에어포일 표면을 흐르는 기류가 에어포일의 표면에서 떨어지는 현상을 말하는데, 기계공학에서 기류박리는 원통형 쇠를 사과껍질을 깎듯이 떨어져 나가고 있는 것이다.

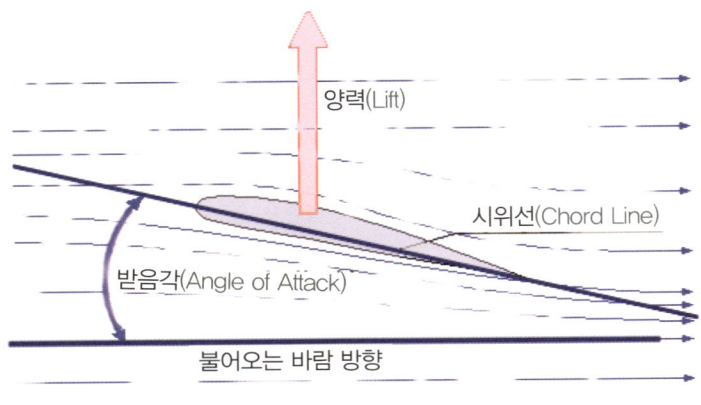

[그림 1-7] 받음각(영각)

2 비행역학

가 비행역학의 정의

① 비행역학은 비행하는 기체에 작용하는 힘을 말한다. 비행할 때 기체는 양력, 중력, 추력, 항력의 힘에 의해 작용을 받는다.
② 양력은 대기 중에 기체 속도로 나타나는 방향에서 수직 위쪽으로 작용한다.
③ 중력은 기체 중심에서 지구의 중심으로 작용한다.
④ 추력은 프로펠러에서 나오는 힘으로, 기체의 추력 벡터쪽으로 받는다.
⑤ 항력은 기체 속도 방향과 반대 방향으로 작용하고, 공기를 통해 이동을 막는 저항력이므로 반대 방향으로 작용한다.

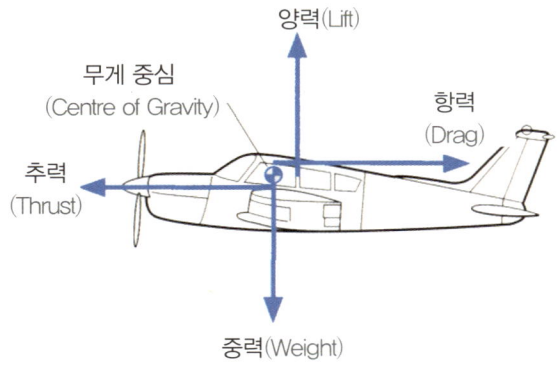

[그림 1-8] 양력, 중력, 추력, 항력의 방향

[그림 1-9] 멀티콥터의 힘의 방향

나 양력

날개 단면이 유체 속을 진행하면 진행 방향의 수직 방향으로 힘을 받는데, 이것을 '양력'이라고 한다. 양력은 공기 중을 비행하는 항공기의 날개 특성으로 매우 중요하며, 항공기를 부양시키는 힘의 역할을 한다. 항공역학적인 측면에서 베르누이 원리를 이용해서 양력 발생 원리를 설명할 수 있다. 베르누이(1700~1782년)는 스위스의 뛰어난 수학자이자, 이론 물리학의 기초를 세운 사람 중의 한 사람이다.

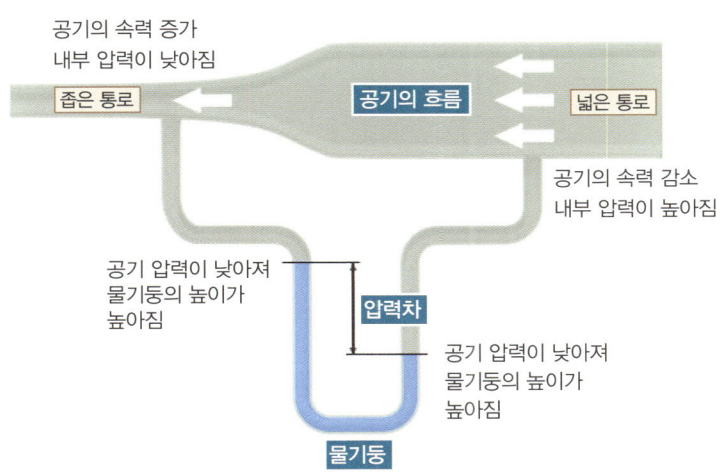

[그림 1-10] 베르누이의 정리 (출처: ㅌnCyber.com)

베르누이 원리는 같은 유체가 흐를 때 압력 에너지, 위치 에너지, 유체의 운동 에너지의 합이 어느 지점에서나 일정하다는 원리이다. 또한 동압과 정압의 합은 전압으로 일정하다고 설명할 수 있다. 이때 동압은 운동 에너지, 정압은 위치 에너지라고 생각하면 된다. 동압과 정압의 합은 항상 일정하므로 동압이 높아지면 정압은 낮아지고, 동압이 낮아지면 정압은 높아지는 연관관계가 있다. 예를 들면 단면적이 적은 배관 속에 유체를 통과시켜보면 좁은 지점에서는 유체가 빠르게 통과하고, 넓은 지점에서는 느리게 통과하는 것을 알 수 있다.

다 항력

항력은 물체에 작용하는 힘의 유동 방향 성분이다. 유동 속에 놓인 물체의 항력을 유발하는 요인은 다양하지만, 대체적으로 압력과 표면 마찰이 주원인이다. 물체가 받는 항력으로는 '압력항력(Pressure Drag)'과 '표면마찰항력(Surface Friction Drag)'이 있는데, 이를 합쳐서 '형상항력(Profile Drag)'이라고 한다. 그리고 유도항력(Induced Drag)은 양력이 발생함에 따라 필수 불가결하게 발생하는 항력이다. 조파항력(Wave Drag)은 천음속 이상의 속도로 비행할 때 날개에 발생하는 충격파에 의해 발생하는 항력이고, 전항력(Total Drag)은 항공기에 발생하는 모든 항력을 말하며, 유도항력을 제외한 모든 항력을 '유해항력(Parasite Drag)'이라고 한다.

라 형상항력

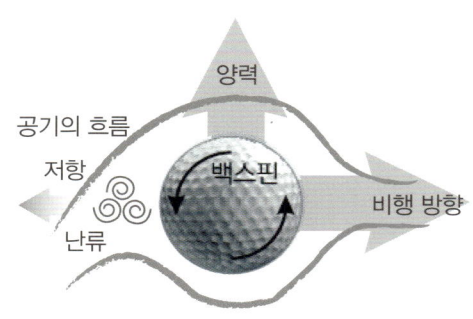

[그림 1-11] 딤플의 역할

※ 골프공의 표면에 있는 분화구 형태의 홈을 '딤플'이라고 한다. 오목하게 들어간 딤플의 원리 때문에 표면이 매끈매끈한 공보다 잘 뜨고 멀리 날아갈 수 있다는 것이 증명되었다.

형상항력은 압력항력과 표면 마찰력을 합친 항력이다. 압력항력은 주로 물체의 뒤쪽에서 발생하는 박리에 의한 후류(Wake)[3]의 영향으로 나타나는 항력으로, 이론적으로는 설명이 어려워

---

3 후류(Wake): 정지 유체 속을 물체가 운동할 때 물체의 뒤를 쫓는 것처럼 보이는 흐름. 항해중인 배의 뒤에 나타나는 항적은 그 예시이다.

서 주로 실험에 의해 그 크기가 결정된다. 항력을 줄이기 위한 방법 중의 하나는 골프공의 홈이 파인 것으로, 야구공의 실로 꿰맨 부분도 같은 원리로 압력항력을 감소시키기 위한 것이다. 또한 공의 궤도에 불규칙한 변화를 주기 위한 것이라고 한다.

마 유도항력(Induced Drag)

항공기 날개가 유한날개(Finite Wing)가 되는 경우에는 새로운 형태의 공기 유동이 날개 주위에 형성된다. 날개의 윗면과 아랫면의 압력 차이에 의해 날개 끝에서는 날개 끝 와동(소용돌이)이 발생한다. 항공기 날개 주위에는 직선 유동 이외에 와동 에너지의 특성으로 '속박와동'과 '수반와동' 및 '초기와동'으로 구성되는데, 이 중 날개 끝 와동은 실제의 와동 유동 형태로 관찰된다. 특히 비행기가 구름 속을 비행하거나 눈 속을 비행할 때 날개 끝 와동의 형태를 쉽게 볼 수 있다.

바 조파항력(Wave Drag)

조파항력(Wave Drag)은 공기가 천음속 이상의 속도로 비행할 때 날개에서 발생하는 충격파에 의해서 나타나는 항력이다. 날개 주위를 흘러가는 공기 흐름이 충격파를 통과하는 과정에서 속도가 감소한다. 이러한 운동 에너지의 손실은 항공기에 대해서는 항력으로 나타나는데, 이러한 항력을 '조파항력'이라고 한다. 경사충격파가 발생하는 초음속 날개 단면에서의 항공 역학적 특성은 초음속 선형이론으로 해석되고, 초음속 날개 단면의 양력과 항력은 동시에 볼 수 있다.

[그림 1-12] 항공기 날개 끝 와동 발생

사 전항력(Total Drag)

항공기 날개에 작용하는 전체 항력을 '전항력(Total Drag)'이라 하고, 전항력은 '유해항력(Parasite Drag)'과 '유도항력(Induced Drag)'의 합으로 표현된다. 여기에서 유해항력이란, 유도항력을 제외한 모든 항력을 의미하는 것으로, 형상항력(Profile Drag), 조파항력(Wave Drag), 그리고 간섭항력(Interference Drag) 등 여러 가지 항력이 포함된다. 경우에 따라서 이러한 항력을 '형태항력(Form Drag)'이라고도 한다.

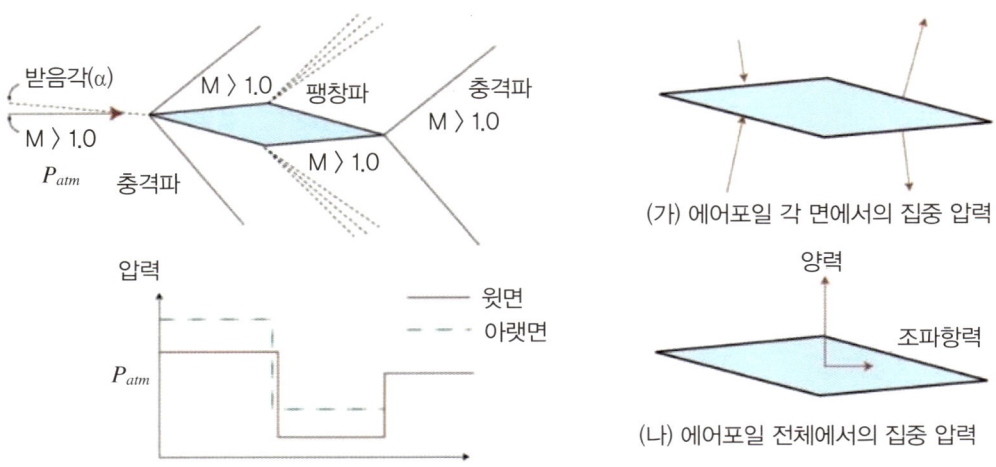

[그림 1-13] 조파항력과 초음속 에어포일

Chapter 2 조종 및 추진 원리

지상에서는 2차원 운동이 이루어지지만, 공중에서는 3차원 운동이 이루어지기 때문에 비행기는 3개의 축(Axis)을 중심으로 움직인다. 특히 멀티콥터는 작용과 반작용의 원리에 의해서 양력이 발생하고, 각 모터의 상태와 회전 수에 따라 조종자의 의도대로 비행한다.

1 드론의 조종

멀티콥터는 작용과 반작용의 원리에 의해서 양력이 발생한다. 암대 축에 고정된 모터가 시계 방향으로 프로펠러를 회전시킬 경우, 이 모터 축에는 반시계 방향의 반작용이 작용을 한다. 이 반작용은 모터를 고정하고 있는 암대에 전달되어 모터를 중심으로 반시계 방향의 힘이 발생하여 기체가 상승하고, 각 모터의 회전 수에 따라 조종자의 의도대로 비행을 한다.

가 조종기의 파지법

① 파지법이 제대로 되지 않을 경우 원하는 방향의 정확한 조종이 어렵다.
② 레버에 손가락이 제대로 놓이지 않은 상태로 조작하면 기체가 똑바로 움직이지 못하고 한쪽으로 기울 수 있어 정확한 조종이 어렵다.
③ 올바른 방법은 양손의 검지를 조종기의 오른쪽과 왼쪽 위에 가볍게 감싸듯이 모아두고 엄지손가락은 레버헤드의 위에 수평이 되게 올린다.
④ 나머지 손가락은 조종기의 하단을 떠받친다.

나 조종 모드(Mode 1~4)

조종 모드는 Mode 1부터 Mode 4까지 네 가지로 구성되어 있다. 아시아권에서는 Mode 1을, 유럽에서는 Mode 2를 주로 사용하는데, 현재 우리나라에서는 Mode 1과 Mode 2를 모두 사용하고 있다.

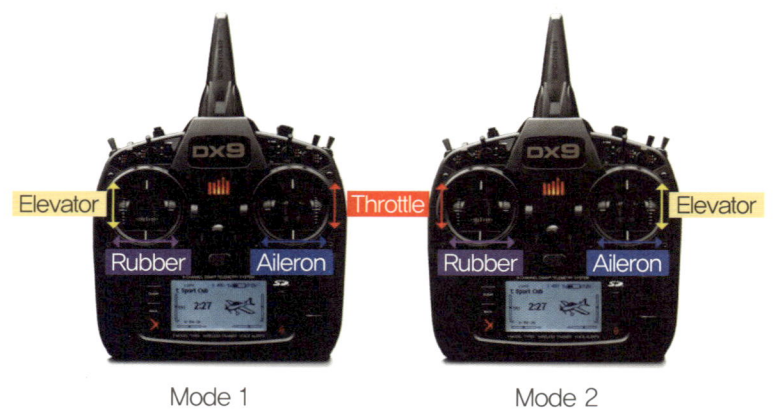

[그림 2-1] 조종기 모드 구분

1) Mode 1

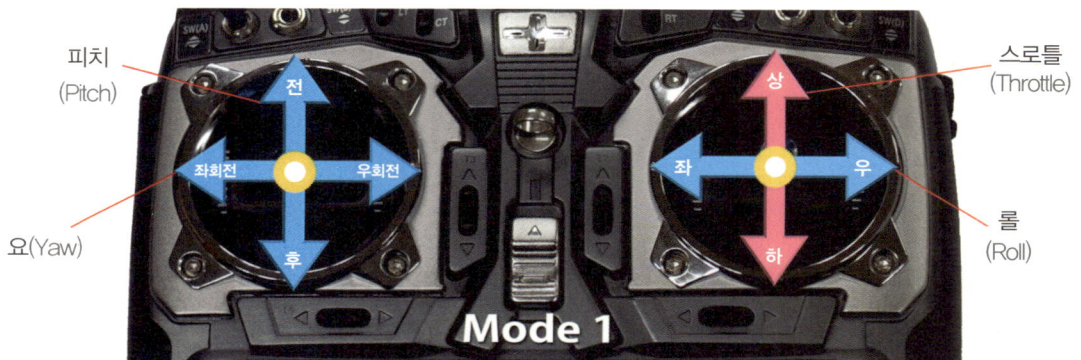

[그림 2-2] Mode 1

① **스로틀**(Throttle): 조종기의 오른쪽 레버를 위로 조작하면 비행체가 위로 상승하고, 아래로 조작하면 비행체가 아래로 하강한다.

② **에일러론**(Aileron): 조종기의 오른쪽 레버를 왼쪽으로 조작하면 비행체가 왼쪽으로, 오른쪽으로 조작하면 비행체가 오른쪽으로 움직인다.

③ **엘리베이터**(Elevator): 조종기의 왼쪽 레버를 위로 조작하면 기체가 앞으로 전진하고, 아래쪽으로 조작하면 기체가 뒤쪽으로 후진한다.

④ **러더**(Rudder): 조종기의 왼쪽 레버를 왼쪽으로 조작하면 기체 축을 중심으로 반시계 방향으로 회전하고, 오른쪽으로 조작하면 시계 방향으로 회전한다.

2) Mode 2

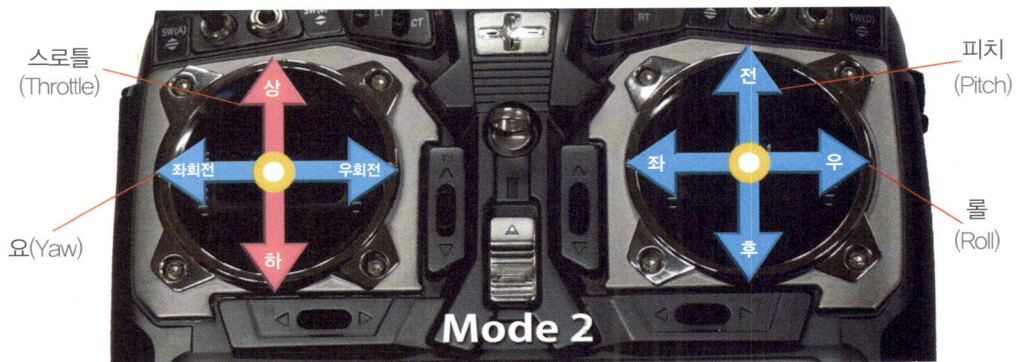

[그림 2-3] Mode 2

① **스로틀**(Throttle): 조종기의 왼쪽 레버를 상하로 조종하면 기체가 상승 및 하강한다.

② **러더**(Rudder): 조종기의 왼쪽 레버를 좌우로 조종하면 기체가 좌우 회전한다.

③ **엘리베이터**(Elevator): 조종기의 오른쪽 레버를 상하로 조종하면 기체가 전진 및 후진한다.

④ **에일러론**(Aileron): 조종기의 오른쪽 레버를 좌우로 조종하면 기체가 좌우로 수평 이동한다.

2 추진 원리

가 멀티콥터의 비행 원리

① 비행 원리는 기체의 날개 아래쪽은 평면 위쪽은 곡선으로 되어 있어서 위로 올라가는 힘이 작용해 비행기가 올라간다.

② 드론의 경우 프로펠러가 회전하며 공기를 가르는데, 이때 발생하는 힘에 의해 상승하는 것이다. 드론은 비행기와 달리 활주로가 필요 없고 제자리에서 곧바로 상승할 수 있는 드론 비행 원리가 담겨있다.

③ 드론 비행 원리에는 '베르누이 법칙'과 뉴턴역학 제3법칙인 '작용 반작용'이 적용된다.

나 베르누이의 법칙(Bernoulli's Theorem)

① 1738년 스위스의 물리학자인 베르누이(Daniel Bernoulli)는 그의 저서 『유체역학』에서 유체의 흐름이 빠른 곳의 압력은 유체의 흐름이 느린 곳의 압력보다 작아진다는 이론을 설명했다.

② 유체의 위치 에너지와 운동 에너지의 합은 항상 일정하다고 밝힘으로써 '베르누이의 정리'를 공식화했다.

③ 베르누이의 정리는 비행기의 양력이 발생하는 원리를 설명한 것이다. 이 이론에 따르면, 비행기 날개의 위쪽은 약간 굴곡져 있기 때문에 공기의 흐름이 빨라져서 압력이 낮아지고, 날개 아래쪽은 직선으로 되어 있어 공기의 흐름이 느려져서 압력이 높다.

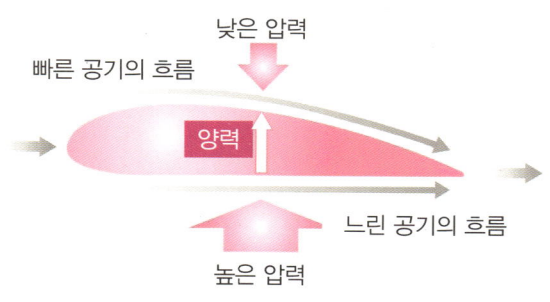

[그림 2-4] 베르누이의 정리

④ 압력이 작은 쪽으로 이끌려 위로 올라가는 힘인 양력이 발생하여 비행기가 떠오를 수 있다. 즉 기압 차가 생기기 때문에 비행기 날개가 위로 들어올려진다.

다 뉴턴역학 제3법칙

1) 관성의 법칙

① 정지하려는 물체는 계속 정지하려는 '정지관성'과 움직이는 물체는 외부의 힘이 가해질 때까지 같은 방향, 같은 속도로 유지하려는 '운동관성'이 있다.
② 예를 들면 이불을 두드리는 경우, 망치 자루를 바닥에 치는 경우, 흙을 퍼서 던지는 경우 등이 있다.

2) 가속도의 법칙

① 물체가 어떤 힘을 받으면 그 물체는 힘의 방향으로 가속도가 생기는 성질이다.
② 예를 들면 자동차 운전 시 코너 길에서 외부로 쏠리는 경우이다.

3) 작용 반작용의 법칙

① 두 물체 사이에서 힘이 작용하면 서로 반대 방향으로 똑같은 힘이 작용한다.
② 드론이나 헬리콥터는 직접 공기를 아래쪽으로 밀어내서 그 반작용에 의해 뜨는 것이다.
③ 드론도 쿼드콥터 기준, 프로펠러가 마주보는 2개가 한 쌍으로 같은 방향으로 회전하여 중력을 극복해서 비행한다.

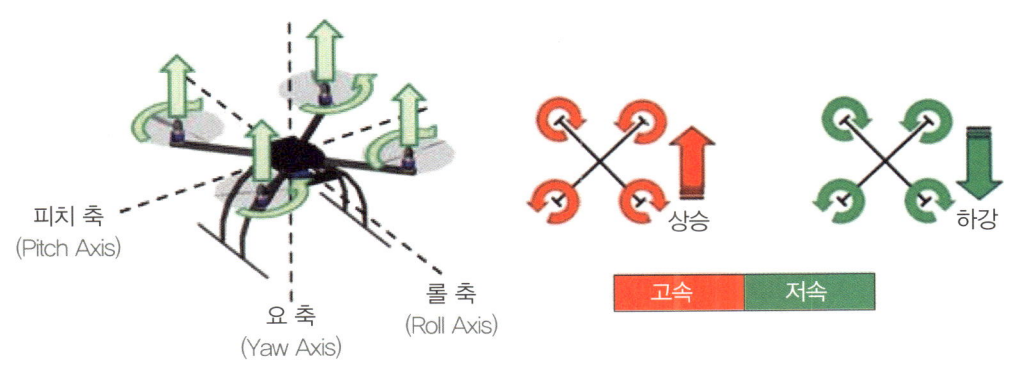

[그림 2-5] 드론역학의 호버(Hover) (출처: TheUAVGuide.com)

라 조종 방법 및 작동 원리

1) 정지 비행(호버링, Hovering)

① 헬리콥터가 제자리에서 정지비행을 할 때를 말한다.

② 정지비행하는 동안 양력과 중력, 추력과 항력은 모두 평형을 이룬다.

③ 모든 프로펠러가 동일한 속도로 회전하여 추력을 증가시켜서 양력이 중력보다 커지면 멀티콥터는 상승비행을 시작한다. 반대로 추력을 감소시키면 멀티콥터는 하강비행을 시작한다.

2) 전진 비행과 후진 비행

멀티콥터의 전방과 후방에 위치한 프로펠러의 회전 속도 차이 때문에 수평 전진 비행과 후진비행을 시작한다.

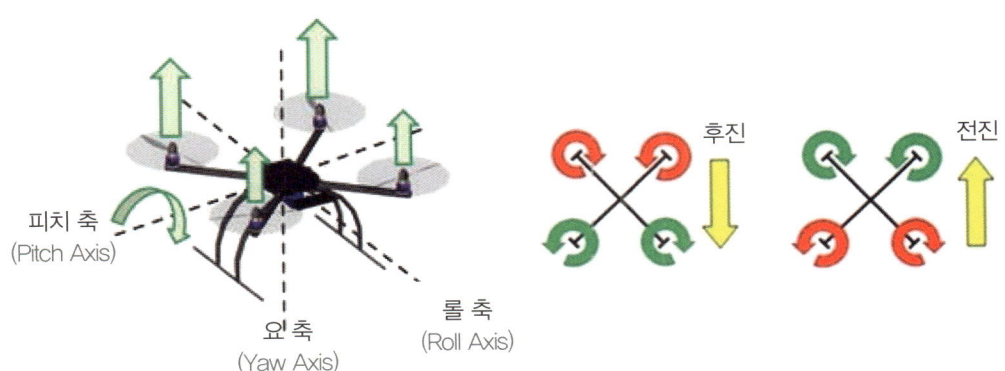

[그림 2-6] 드론역학의 피치 컨트롤(Pitch Control) (출처: TheUAVGuide.com)

3) 좌우 비행

멀티콥터의 좌우에 위치한 프로펠러 회전 속도의 차이 때문에 수평 좌우 비행을 시작한다.

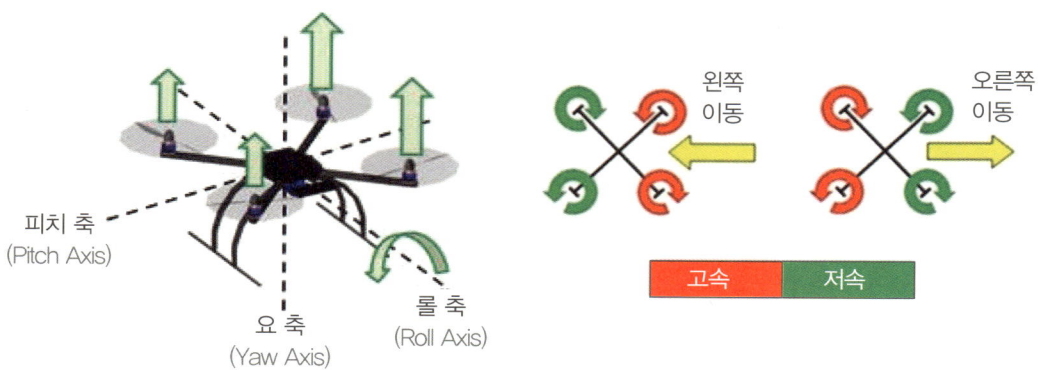

[그림 2-7] 롤 컨트롤

4) 좌우 회전 비행

멀티콥터의 전방과 후방 대각선을 중심으로 위치한 프로펠러 회전 속도의 차이 때문에 수평 좌우 회전 비행을 시작한다.

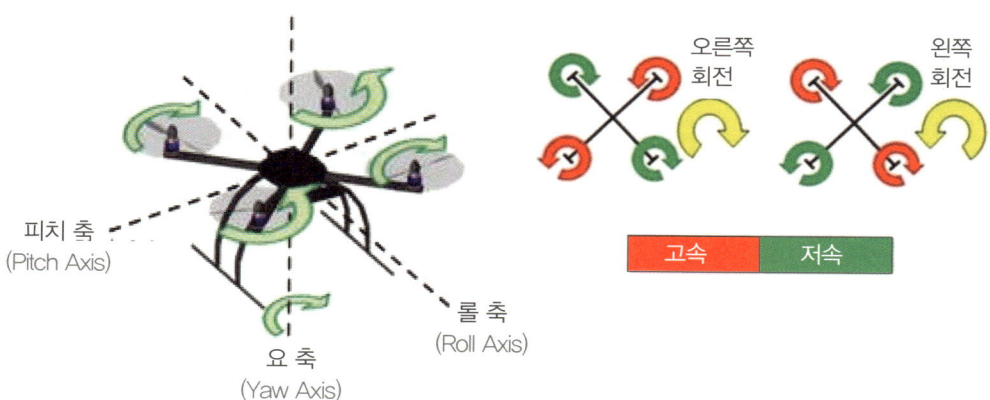

[그림 2-8] 요 컨트롤

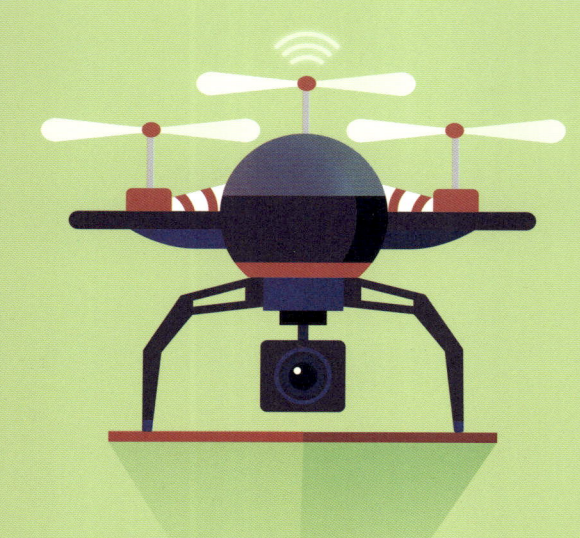

Part 02 정비의 개요

정비란 목적, 분류, 단계로 이루어져 있으며, 각종 문제가 발생하지 않도록 사전에 방지하고자 하는 수단이다. 이번에는 여러 가지 단계를 통해 하드웨어 및 소프트웨어의 점검 방법을 살펴보고, 정비의 중요성 드론의 기초 정비 및 정비작업으로 발생할 수 있는 문제점과 지상 안전에 대해 알아본다.

drone maintenance

Chapter 3 정비의 개념

Chapter 4 드론의 기초 정비

Chapter 5 지상 안전

Chapter 3 정비의 개념

고장이나 문제가 발생하지 않도록 정비할 경우 정비에 대해 충분히 이해하는 과정이 필요하다. 이러한 이해를 통해 정비의 단계(보수, 수리, 개조)가 정확하게 나누어지며, 각각의 환경에 맞는 정확한 정비를 통해 감항성, 쾌적성, 정시성, 경제성 목적을 달성할 수 있다.

1 항공기 정비의 목적 및 개요

가 정비의 목적

항공의 운용의 목적을 달성하기 위해 감항성, 쾌적성, 정시성을 가지게 하며, 항공기재의 품질을 유지하고 향상시켜서 운송에서 효율적인 경제성을 달성하는 것이 목적이다.

① **감항성:** 항공기가 운항 중에 고장 없이 해당 기능을 정확하고 안전하게 운항할 수 있는 능력
② **쾌적성:** 항공기가 운항 중에 객실(기내) 안의 청결 상태를 유지하는 능력(드론의 경우 기체의 보관 및 관리 청결에 대한 장비 상태 유지)
③ **정시성:** 항공기가 종착 기지로 착륙을 해서 다음 기지로 운항하기 위해서 시간 안에 작업을 끝내는 정시 출발 목적 달성을 위한 능력
④ **경제성:** 최소의 정비 비용으로 최대의 효과를 얻기 위하여 모든 정비 작업을 경제적으로 운용하는 능력

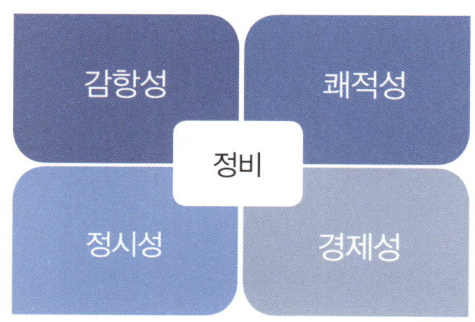

[그림 3-1] 정비의 목적

나 정비의 개요

고장의 발생 요인을 미리 발견하여 제거함으로써 지속적으로 완전한 기능을 유지할 수 있는 것을 정비의 개념이라고 할 수 있다. 또한 항공기가 운항 중에 고장 없이 그 기능을 정확하고 안전하게 발휘할 수 있는 능력을 '감항'이라고 하며, 모든 항공기는 비행 시 기내에 감항증명[4] 서를 비치 및 보관해야 한다.

[그림 3-2] 정비의 분류

2 항공기 정비의 분류 및 단계

가 정비의 분류

1) 예방 정비(보수)

   ① **경미한 정비**: 항공기의 지상 취급, 세척, 보급 등 어느 정도 경험과 지식 및 기능을 가진 작업자가 유자격 정비사의 감독하에서 할 수 있는 작업이다(항공기의 조종 장치나 도어의 적절한 작동을 정비하기 위하여 조절하는 작업).

   ② **일반적인 정비(보수)**: 감항성에 영향을 끼치는 항공기 각 부분의 점검, 조절, 검사 및 부품의 교환 등 반드시 유자격 정비사의 확인을 받아야 한다.

2) **수리**: 항공기, 부품 및 장비의 손상이나 기능 불량 등을 원래의 상태로 회복시키는 작업

   ① **소수리**: 감항성에 큰 영향을 끼치지 않는 기체나 부품의 수리 및 수정작업 및 교환작업이다.

---

[4] 감항증명(Airworthiness Certificate): 민간항공기에 대한 사고방지의 관점에서 그 항공기가 항공하기에 적합한지, 안전성과 신뢰성을 갖고 있는지에 대한 증명

② **대수리:** 감항성에 큰 영향을 끼치는 기관, 프로펠러 부품의 수리작업으로, 관계기관의 확인이 필요하다.

㉠ 기체의 일부 또는 전체 오버홀

㉡ 기본 구조 부분의 강도와 관계되는 수리 작업

㉢ 내부 부품의 복잡한 분해 작업

㉣ 기관, 프로펠러, 주요 장비품의 성능에 영향을 끼치는 작업

㉤ 특수한 시설과 장비를 필요로 하는 작업

㉥ 예비품 검사 대상 부품의 오버홀

3) **개조:** 항공기나 장비 및 부품에 대한 원래의 설계를 변경하거나 새로운 부품을 추가로 장착할 때 실시하는 작업

(1) 대개조

① 항공기 중량, 강도, 기관의 성능, 비행 성능 및 그 밖의 감항성 등에 중대한 영향을 끼치는 개조 작업으로, 관계 기관의 확인이 필요

② 기체에서 중량 및 중심 한계의 변경, 날개 형태의 변경, 항공기 표피 및 조종 능력의 변경, 그 밖에 각 계통의 개조, 기관이나 장비에서 성능이나 구조의 변경

(2) 소개조: 그 외의 작업

나 정비의 단계

1) 운항 정비

항공기를 정비 대상으로 하는 정비로, 비행 전 점검, 중간 점검, 기체의 정시 점검(A, B 점검) 등이 있다.

2) 공장 정비

항공기를 정비하는 데 많은 정비 시설과 오랜 정비 시간을 요구하며, 항공기의 장비 및 부품을 장탈하여 전문 공장에서 정비하는 것이다.

① 기체의 공장 정비: 운항 정비에서 할 수 없는 항공기의 정시 점검과 기체의 오버홀

② 기관의 공장 정비: 항공기로부터 장탈한 기관의 검사, 기관 중정비, 기관 상태 정비, 기관 오버홀

③ 장비의 공장 정비: 장비의 벤치 체크, 장비의 수리 및 오버홀

3 항공기 정비의 등급 및 정비 기지의 분류

가 정비의 등급

① **일선 정비의 종류:** 비행 전 점검, 비행 후 점검, 중간 점검, A 점검, B 점검
② **후방 정비:** C 점검, 부서 정비
③ **창 정비(숍 정비):** 항공기 각 부분의 상태를 생산 당시의 상태와 같은 정도로 재생시키는 작업으로, '오버홀 정비'라고도 한다.

나 정비 기지의 종류

1) 모기지

정비 작업을 위하여 설비 및 인원 부분품 등을 충분히 갖추고 정비 점검 이상의 정비 작업을 수행할 수 있는 기지

2) 그 밖의 기지의 종류

① **출발 기지:** 항공기가 감항성에 영향을 주지 않을 정도로 정비를 마치고 이륙 준비를 하는 기지
② **종착 기지:** 항공기가 안전하게 운항을 마치고 착륙하기 위해서 종착하는 기지
③ **반환 기지:** 갑작스럽게 항공기의 어떠한 부분에 결함이 발생했을 때 다시 정비하기 위해 출발 기지로 돌아가기 위한 기지

> **NOTE**
> - **A Check:** 항공기에 소모성 액체나 기체를 보급하고 비행 중 손상되기 쉬운 조종면, 타이어 제동장치 기관을 중심으로 행하는 정비
> - **B Check:** A Check+보충된 기관점검 > 운항 중 시간을 이용한 수행
> - **C Check:** A+B+계통별 배관, 배선, 기관, 착륙장치, 기체 구조의 외부 점검, 작동 부위의 윤활, 시한성 부품의 교환 등 > 2~3일 비행 중지
> - **D Check:** 항공기의 OVHL 수준 각종 구성품의 철저한 점검 및 기체의 중심 측정, 교정, 도장 등
> - **벤치 체크:** 장치의 기능 검사로서 장치를 시험벤처에 설치하여 적절히 작동하는지 확인
> - **오버홀:** 장치를 안전히 분해하여 상태를 검사하고, 손상된 부품을 교체하는 정비 절차(Zero Setting)

4 드론 정비 규칙

1) 드론 정비

(1) 비행 시 안전수칙 준수 및 안전사고 예방을 위한 예방 정비와 경제성을 중심으로 진행한다.

① **예방 정비:** 감항성을 기본으로 비행 중 고장 없이 비행 목적을 달성할 수 있도록 경험과 해당 지식을 가진 작업자의 정비를 통해 사고를 예방한다.

② **경제성:** 예방 정비를 통한 정비로 인하여 사고를 사전에 예방하고 경제적인 손실을 예방한다.

(2) 하드웨어와 소프트웨어 순으로 정비를 진행한다.

① **하드웨어:** 연결 및 고정 상태, 각종 배선 상태, 모터와 프로펠러 상태, 배터리 상태, 송신기 수신 상태를 확인한다.

② **소프트웨어:** GPS 수신 상태, FC 상태 오류 사항, 기체 위치 정보 및 방향 정보를 확인한다.

③ **기타:** 위의 사항을 체크리스트를 통해 확실하게 확인 및 관리를 진행해야 한다. 만약 정비가 이루어지지 않았거나 어느 하나라도 문제가 발생한 드론은 비행하지 않아야 한다.

Chapter 4 드론의 기초 정비

주기적인 기초 정비를 통해 문제 발생 요인을 미리 발견하여 사고를 줄이기 위해 드론의 구성별 정비를 진행한다. 드론의 구성 FC(Flight Contrcller), ESC(Elctronic Speed), 모터, 프로펠러, 프레임, 송·수신기, 배터리로 이루어져 있으며, 각 구성에 맞는 정비가 필요하고 그에 맞는 정비를 진행한다.

1 드론의 구성

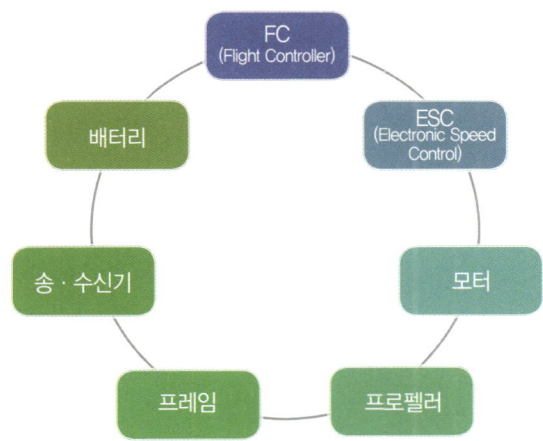

[그림 4-1] 드론의 구성

2 드론의 정비

가 드론 정비의 분류 및 중요성

1) 정비의 분류

① 분해(Overhaul)
② 수리(Repair)
③ 검사(Inspection)
④ 교환(Replacement)
⑤ 개조(Modification)
⑥ 결함 수정(Defect Rectification)

2) 기초 정비의 중요성

① 정비 부족으로부터 많이 발생하는 잠재적 고장 및 사고를 예방한다.

② 문제가 발생할 수 있는 사항을 사전에 파악 및 차단할 수 있다.

③ 본인이나 타인에 대한 재산상의 손실을 예방한다.

나 정비 항목

1) 프레임(Frame) 정비

① 본체 결합부 피스 고정 및 접이식 암대 피스 고정 상태를 확인한다.

② 접이식 암대 고정 클립 고정 상태를 확인한다.

③ 랜딩 기어 고정 상태를 확인한다.

④ 하단부(배터리 장착) 본체와 피스 고정 상태를 확인한다. (최대 이륙 중량에 1/3에 해당하는 배터리 거치 부분으로, 확실하게 점검해야 한다.)

⑤ 접이식 암대 고정 후 유격 상태를 확인한다.
(유격의 진동은 불안정한 비행으로 이어짐과 동시에 FC Vibration에 큰 영향을 준다.)

[그림 4-2] 프레임(Frame)
DJI STORE: '산업용 DJI S1000'

2) 프로펠러(Propeller) 정비

① 고정 및 유격 상태를 확인한다.

② 파손 여부를 확인한다.

③ 해당 모터별 CW(정방향), CCW(역방향)에 맞는 회전 방향인지 확인한다.

④ 이물질 여부를 확인한다.

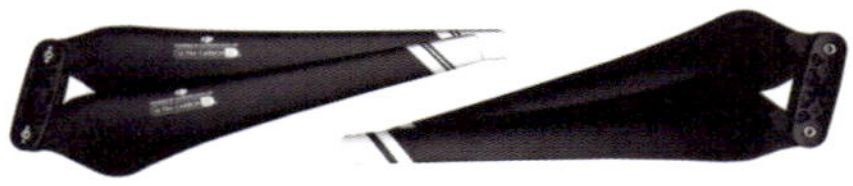

[그림 4-3] 프로펠러(Propeller)
DJI STORE: '매트리스600 프로펠러'

3) 모터(Motor) 정비

① 이물질 여부를 확인한다.

② 해당 암대별 모터 회전 방향을 확인한다.

③ 모터 회전 방향 및 프로펠러와 모터 회전 방향 일치를 확인한다. (실제 모터 회전 방향이나

[그림 4-4] 모터(Motor)
DJI STORE: 'DJI S1000 Motor'

프로펠러가 다르게 연결되어 이륙 시 사고가 발생하는 경우가 많다.)

④ 모터 걸림 및 유격 상태를 확인한다.

4) ESC(Electronic Speed Control) 정비

① 모터 동작 시 일정하게 같은 속도로 해당 모터들이 회전하는지 확인한다.

② 회전 속도가 다를 경우 문제 있는 모터 ESC에서 타는 냄새가 나는지와 배선을 확인한다.

③ 이상이 없음에도 같은 증상 발생 시 ESC Calibration 진행 후 확인한다.

④ 테스트 및 비행 후 ESC 발열 상태를 확인한다. (발열이 심한 ESC는 비행 중 모터 정지 원인이 될 수 있으므로 반드시 확인한다. 문제가 지속될 때는 해당 ESC를 교체 후 다시 점검해야 한다.)

[그림 4-5] ESC(Electronic Speed Control) DJI STORE: 'DJI S1000 ESC'

5) FC(Flight Controller) 정비

[그림 4-6] FC(Flight Controller) 'Pixhawk2.1 FC', DJI STORE: 'DJI A3 FC'

① 전원부 연결 상태 및 각종 신호선 커넥터(Connector) 연결 상태를 확인한다.

② 정상 부팅 상태를 LED 모듈로 확인한다.

③ 에러 사항이 발생하는지 확인한다.

④ 비행 모드를 확인한다.

⑤ Fail Safe 사항의 설정값을 확인한다(Battery, Radio).

⑥ GPS 상태 및 수신 개수 사항을 확인한다. (GPS 비행 모드 시 GPS 수신 개수는 최소 10개 이상이 좋다.)

LED 점등	의미
🔴🔵🔴🔵	적색 청색 점등: 실행 중 대기
🟡🟡⚪🟡	노란색 두 번 점등: 무장 거부, 에러
⚪🔵⚪🔵	청색 점등: 무장 해제, GPS 신호 탐색 중, 자동 비행, 로이터모드, RTL 기능을 사용할 경우 GPS 신호 필요
⚪🟢⚪🟢	녹색 점등: 무장 해제 상태, GPS 신호 획득, 무장 준비 완료, 무장 상태로 변경 시 부저가 두 번 빠르게 울림
🟢🟢🟢🟢	녹색 점등 유지 및 한 번 울림: 비행준비 완료 및 무장 상태
⚪🟡⚪🟡	노란색 점등: RC 페일세이프 활성화
⚪🟡⚪🟡 📶	노란색 점등 + 빠른 반복 톤: 배터리 페일세이프 활성화
🔵🔵🔵🟡 📶	노란색, 청색 점등과 높은 음 세 번 낮은 음 한 번: GPS 페일세이프 활성화 또는 GPS 오류

[표 4-1] 드론과 지도, '픽스호크(Pixhawk) 비행 컨트롤러 Guide'의 LED 점등

6) 배터리(Battery) 정비

① 배터리의 겉면 상태를 확인한다.

② Battery Connector 및 Cell Balance Connector 상태를 확인한다.

③ 충전 상태 및 해당 Cell(기준 1Cell - 3.7V) 용량을 확인한다.

④ 배터리 장착 시 고정 상태를 확인한다. 고정 상태 불량으로 배터리가 비행 중 움직이면 사고의 위험이 높고, 실제로 전원이 분리되어 추락한 사례도 있다.

[그림 4-7] 배터리(Battery)
Gensace Tattu Official Online Shop:
'Tattu 22000 Battery'

⑤ 배터리 보관 및 관리 시에는 적정 전압과(3.7V) 온도(20°C)를 유지해야 한다. 습한 장소나 직사광선을 피하고 전용 백을 사용하는 것이 좋다.

7) 송·수신기 정비

① 수신기와 FC 간의 연결 상태를 확인한다.
② 송신기와 수신기 간 바인딩 상태를 확인한다.
③ 송신기 배터리 용량을 확인한다.
④ 송신기 모드를 확인한다(Mode 1, Mode 2).
⑤ 조종기 트림(Trim) 사항이 설정되어 있는지 확인한다.
⑥ 송신기 비행 모드 스위치 상태를 확인한다.
⑦ 송신기 좌·우 스틱 동작 상태를 확인한다.

[그림 4-8] FUTABA: 'T14SG, R7008SB'

Chapter 5 지상 안전

작업을 진행할 때 필요한 감독자의 책임, 작업자의 책임 및 기기의 취급에 대한 교육, 각종 재해에 대한 예방조치와 작업 시 반드시 지켜야 할 규정과 절차를 이행하고, 작업장의 청결 상태를 지켜서 사고의 잠재요인을 제거한다. 사고의 결과로 발생하는 불안정한 행위(심리적, 생리적), 사고의 분석, 사고방지의 원리, 일반적인 안전수칙으로 사고를 예방한다.

1 지상 안전의 책임과 사고 방지

가 지상 안전의 책임

모든 작업자에게 그 책임이 있다.

1) 작업 감독자의 책임

① 작업자에게 작업절차와 작업규칙 및 장비와 기기의 취급 관리에 대한 교육을 실시한다.
② 각종 재해에 대해 예방조치를 해야 한다.
③ 필요한 안전시설 및 작업자의 작업 상태 등을 항상 점검한다.
④ 위험하거나 사고의 우려가 있는 상태에 대한 수정 조치를 철저하게 취해야 한다.

2) 작업자의 책임

① 반드시 규정과 절차를 준수하여 작업한다.
② 보호 장구 착용이 필요한 작업 시에는 반드시 보호 장구를 착용한다.
③ 작업장의 상태를 항상 청결하게 유지한다.
④ 정리·정돈하여 사고의 잠재요인을 제거한다.

나 사고 방지

1) 사고의 원인과 결과

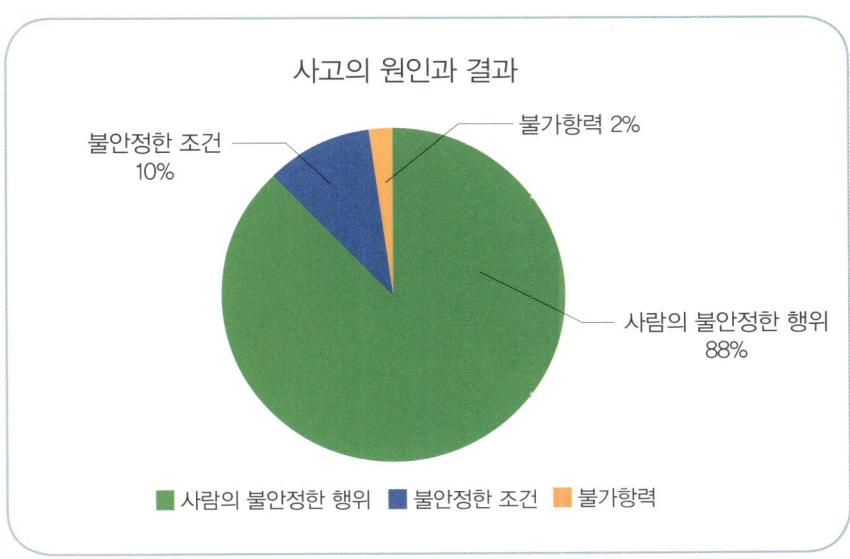

[그림 5-1] 사고의 원인과 결과

2) 불안정한 행위의 요인

작업자의 능력 부족, 규칙, 질서 및 규정 무시, 주의력과 집중력 부족, 산만, 불안정한 습관, 신체적 및 정신적 부적합, 작업 지시에 대한 결함

① 심리적 원인: 무지, 과실, 숙련도의 부족, 난폭, 흥분, 소홀 및 고의적 행위

② 생리적 원인: 체력의 부적응, 신체의 결함, 질병, 음주, 수면, 피로

3) 사고의 분석

① 하루 중 재해가 가장 많이 발생하는 시간: 오후 2~3시경

② 근무 기간 중 사고가 가장 많이 발생하는 기간: 근무 후 3~6개월 정도

③ 재해가 가장 많이 발생하는 계절: 여름

4) 사고 방지의 원리

① 안전에 대한 깊은 인식

② 규칙 이행

③ 반복적인 교육과 훈련에 의한 해당 업무의 숙달

5) 일반적인 안전수칙

① 정리정돈을 잘 한다.

　㉠ 품명 및 수량을 파악하기 쉽도록 관리 및 정리한다.

　㉡ 사용했던 공구류는 종류별로 확실하게 정리한다.

　㉢ 순간접착제나 경화촉진제 등 유해성 물품은 주의해서 보관한다.

　㉣ 전기전자 장비는 보관 방법에 맞게 보관 및 정리한다.

　㉤ 가열 장비(히팅건, 인두기)는 열기를 확인한 후 정리한다.

　㉥ 작업 후에는 작업장 주변을 확실하게 정리하고 청결을 유지한다.

② 통행 및 통로를 제대로 시행 및 설치한다.

③ 운반 시 안전에 유의한다.

④ 충분히 환기통풍을 한다.

⑤ 온도와 습도를 알맞게 유지한다.

⑥ 안전표지를 설치한다.

2 상황별 지상 안전

가 비행 전 안전

1) 비행 가능 지역 및 환경

① 비행장소가 비행금지 구역에 해당하는지 확인한다. (비행금지 구역: 항공법에 따라 안전이나 국방상 등의 이유로 비행을 금지하는 공역)

② 인파가 많이 모인 곳이나 행사장 등 장애물이 많은 장소는 피한다.

③ 군 시설 주변 및 중요 시설이 위치한 곳도 비행금지 구역에 해당할 수 있다.

④ 전파에 간섭이나 방해가 될 만한 장소는 피한다.

⑤ 일출 시와 일몰 후에는 비행 가능 시간을 엄수해야 한다.

2) 자기장 및 날씨

① 자기장지수를 확인한다. 자기장지수가 높으면 GPS 모드는 해제하거나 비행하지 않는 것이 좋다.

[그림 5-2] 자기장 및 날씨

② 자기장지수가 높으면 노콘(No Control)이 발생할 수 있다.

③ 비나 눈이 내리고 있을 때 비행해서는 안 된다.

④ 바람이 심하거나 비가 온 후에는 습도를 확인한다.

⑤ 너무 더운 여름이나 추운 겨울에는 비행을 피하는 게 좋다.

　㉠ 여름철에는 각종 장비 중에서도 모터가 쉽게 과열될 수 있다.

　㉡ 겨울철에는 배터리 효율성이 떨어지고, 심한 경우에는 비행 중 배터리 효율성이 저하되어 추락 사고가 발생할 수 있다.

⑥ 짙은 안개와 같은 날씨적 요인이 있으면 충분한 시야가 확보되는지 확인이 필요하다.

> **NOTE**
>
> - **KP(세계)**: KP는 미국 NOAA SWPC(Space Weather Prediction Center)에서 위도 44~60도 사이의 8개 지자기 관측소에서 구한 K 지수를 통합하여 산출하고 있다. SWPC는 1분 단위의 지자기 관측 자료를 이용하여 KP 지수 값을 실시간으로 모니터링한다. 실시간으로 지자기 관측소에서의 자료를 사용할 수 없는 경우에는 사용 가능한 자료를 바탕으로 한 지수를 이용해서 가장 적절한 예측값을 산출한다.
> - **KK(국내)**: 지구와 지구 주위에 자석과 같은 자성을 가지는 지자기가 존재한다. 이 지자기는 형태가 고정되어 있지는 않지만 규칙적으로 변화한다. 하지만 외부의 요인(태양풍, CME 등)으로 지자기의 변화가 규칙적인 변화보다 큰 지자기 교란이 발생한다. 즉 K 지수는 특정 지역에서의 지자기 변동의 정도를 로그스케일로 나타낸 지수이다.
>
> (출처: 국립전파연구원 우주전파센터)

3) 장비 점검

(1) 드론 기체

① 기체의 본체와 암대 및 랜딩기어 순으로 고정 상태를 확인한다.

② 모터, 프로펠러 고정 및 회전 방향 상태를 확인한다.

③ 모터 및 ESC(Electronic Speed Control)에 이물질이 있는지와 모터를 돌려보면서 걸림이나 유격이 있는지 확인한다.

④ FC, GPS, 배터리의 고정 상태를 확인한다.

⑤ 본인이 기체의 후면을 보고 있는지 확인한다. (방향이 잘못되어 있으면 순간적인 조작 실수 때문에 사고가 발생할 수 있다.)

⑥ 기체의 수평 및 CG(무게 중심)를 확인한다.

⑦ 환경과 날씨에 따른 배터리 보관 상태 및 배터리의 표면이 부풀어 올랐는지 확인한다. (심하게 부풀어 올라있는 배터리는 사용하지 않는 게 좋다.)

(2) 드론 통신 장비

① 송·수신기 바인딩 상태 및 해당 모델 설정을 확인한다. 송신기에 여러 개의 수신기가 바인딩되어 있는 경우 확인이 필요하다.
② 송신기의 비행 모드 스위치, 트림, 스틱 및 송신기의 배터리량을 확인한다.
③ 텔리메트리(Telemetry)의 수신 상태를 확인한다(FC와 GCS를 연결하는 무선 통신 장치).
④ 조종자는 비행 모드 스위치 등 특정 동작이 이루어지는 스위치 및 송신기 사항을 숙지해야 한다.

4) 이륙 준비

① 바람의 방향을 확인한다.
② 전원을 연결할 경우에는 송신기를 먼저 켠 상태에서 기체와 배터리를 연결해야 한다.
③ LED 모듈을 통해 부팅 상태 및 비행준비 단계를 확인한다.
④ GPS 수신 사항을 충분히 확인해야 한다.
⑤ 이륙 시 주위를 통제할 수 있는 인원이 없다면 주위에 큰소리로 상황을 알리고 이륙하는 게 좋다.

나 비행 중 안전

1) 장소 및 기체

(1) 장소

① 비행에 문제가 될 만한 장애물이 있는지 확인한다.
② 항공촬영 및 방제 등 비행 범위가 필요한 비행 중에는 3~4명의 인원을 넓은 범위로 배치한 후 비행하는 것이 좋다.
③ 문제 발생 시 비상착륙할 장소가 확보되어 있어야 한다. 비상착륙할 상황 발생 시에는 큰소리로 주위에 상황을 알려야 한다.

(2) 기체

① 이륙 후에는 가장 먼저 비행점검을 한다. (비행점검: 송신기 조작과 동일하게 기체가 동작하는지 확인한다.)

② 비행 중 특정한 문제 발생 시 조치가 가능한 페일세이프(Fail Safe)[5] 기능이 활성화되어 있어야 한다(Low Battery, Radio 수신이 끊어질 경우).

③ 에러 사항이 발생하는지 확인한다.

2) 조종자

① 조종자는 안전수칙을 준수해야 한다.

② 이륙 및 착륙비행 시에는 송신기 스틱을 부드럽게 조작해야 한다.

③ 조종하는 장소 및 자세가 사고의 위험이 없어야 하고, 비행 중 사고가 될 만한 행동을 해서는 안 된다.

㉠ 비행 중 자리를 이탈하는 행위

㉡ 휴대폰을 보거나 전화를 받는 행위

㉢ 비행 중 송신기에서 손을 떼는 행위

㉣ 좋지 않은 상황에 무리하게 비행하는 행위 등

④ 비행 중 시선은 착륙해서 완전히 정지하기 전까지 항상 기체를 주시해야 한다.

⑤ 조종자 육안으로 기체를 확인할 수 있는 범위 안에서 비행을 진행해야 한다.

⑥ 장시간 비행을 하는 경우 중간에 충분한 휴식을 취하거나 부조종자와 교대로 비행해야 한다.

⑦ Low Battery Fail Safe가 작동해도 조종자는 비행시간을 숙지해야 한다.

⑧ 가급적인 경우를 제외하고는 후면 비행을 하는 것이 좋다.

⑨ 예측하지 못하는 상황이 발생할 수 있으니 비행 시에는 항상 긴장하고 집중해야 한다.

⑩ 비행 중에 작은 문제라도 발생하면 착륙 후 점검을 통해 확인하고 비행해야 한다.

㉠ 조작 없이 움직임 발생 시

㉡ 기존에 없던 잡음 발생 시

㉢ LED Module 적색 경고등 및 이상 신호 확인 시

㉣ GCS(Ground Control System) 오류코드 확인 시

---

[5] 페일세이프(Fail Safe): 기계가 고장났을 경우 그대로 폭주해서 사고 및 재해로 연결되는 일 없이 안전을 확보하는 기구

다 비행 후 안전

1) 조종자

① 착륙 시 주위를 통제할 수 있는 인원이 없다면 주위에 큰소리로 상황을 알리고 착륙하는 게 좋다.

② 착륙 시에는 신중하게 진행하며 불필요한 조작은 삼가한다.

③ 착륙 위치는 조종자와 충분한 거리를 유지하고 넓고 평평한 곳으로 한다.

④ 착륙 고도가 지면에 가까워지면서 발생하는 지면 효과(Ground Effect)[6]에 주의해야 한다.

⑤ 모터가 완전히 정지했는지 확인할 때까지 송신기에서 손을 놓지 않아야 하며, 기체에 다가가지 않는다.

⑥ 전원 분리 시에는 이륙 준비 역순으로 배터리를 먼저 분리하고 송신기 전원을 끈다.

2) 드론 기체 점검

① 기체를 점검하기 위해서는 전원이 확실하게 분리되었는지 먼저 확인한다.

② 비행 전과 동일하게 기체를 점검한다.

③ 발열 상태를 점검한다. 모터는 발열 상태가 심할 수 있으니 주의해야 한다.
  ㉠ 모터
  ㉡ ESC(Electronic Speed Control)

④ 프로펠러 고정 상태 및 파손 여부를 확인한다.

⑤ 배터리 온도 및 표면이 부풀어 올랐는지 확인한다.

3) 기타

① 비행했던 장소 주변을 확실하게 정리한다.

② 비행 시 사용했던 장치 및 물건을 점검하고 수량을 확인한다.

③ 드론 기체 운반 시에는 큰 충격이 가해지지 않도록 조심한다.

---

[6] 지면 효과(Ground Effect): 항공기가 이·착륙비행에서 지면에 가깝게 낮은 고도로 비행하는 경우 양력이 증가하는 효과

3. 조종자 준수 사항

드론 이것만 알면 안전해요!

드론의 세계에 입문하신 여러분, 환영합니다! 이제부터 당신은 "드론 조종사"입니다.
드론을 조종하는 동안, 당신의 소중한 기체와 주변 사람들의 안전은 여러분의 두 손에 달려있습니다.
다음의 준수사항을 꼭 지키면서, 안전하고 즐겁게 비행하세요.

※ 드론 비행은 항공법의 적용을 받으며 자세한 내용은 국토교통부 홈페이지 www.molit.go.kr에서 확인 가능합니다.
(홈페이지 접속 → 정책마당 → 정책Q&A → 무인비행장치Q&A)

드론 조종자 체크리스트

사고나 분실에 대비해 장치에는 소유자 이름, 연락처를 기재 하도록 합니다.

항상 육안거리 내에서 비행합니다.

야간에 비행하지 않습니다.
(야간 : 일몰 후부터 일출 전까지)

사람이 많은 곳 위로 비행을 자제합니다.
(인구밀집 지역 위 위험한 방식으로 비행금지)

음주 상태에서 조종하지 않습니다.

비행 중 위험한 낙하물을 투하하지 않습니다.

항공 촬영시 관할 기관의 사전 승인이 필요합니다.

비행하기전 해당제품의 메뉴얼을 숙지합니다.

전파인증을 받은 제품인지 확인합니다.

비행하기 전 반드시 승인 받아야할 경우

비행장 주변 관제권에서 비행
(반경 9.3km)

비행금지구역에서 비행
(서울 강북지역, 휴전선·원전 주변)

지상고도 150m 이상에서 비행
(지면, 수면, 장애물 기준 150m 이상)

※ 위의 준수사항을 위반할 경우 200만원 이하의 벌금 또는 과태료 처분 등 불이익을 받을 수 있습니다.

[그림 5-3] 국토교통부, '조종자 준수사항' 중 드론 안전정보 리플릿 '조종자 준수사항 (항공법 제23조, 시행규칙 제68조)'
(출처: http://www.molit.go.kr/USR/NEWS/m_71dtl.jsp?lcmspage=5&id=95075719)

❖ **비행금지 시간대** : 야간비행 (＊ 야간 : 일몰 후부터 일출 전까지)

❖ **비행금지 장소**

(1) 비행장으로부터 반경 9.3km 이내인 곳
  → '관제권'이라고 부르는 곳으로, 이·착륙하는 항공기와 충돌위험 있음

(2) 비행금지구역 (휴전선 인근, 서울도심 상공 일부)
  → 국방, 보안상의 이유로 비행이 금지된 곳

(3) 150m 이상의 고도
  → 항공기 비행항로가 설치된 공역

(4) 인구밀집지역 또는 사람이 많이 모인 곳의 상공
  예 스포츠 경기장, 각종 페스티벌 등 인파가 많이 모인 곳
  → 기체가 떨어질 경우 인명피해 위험이 높음

※ 비행금지 장소에서 비행하려는 경우 지방항공청 또는 국방부의 허가 필요
  (타 항공기 비행계획 등과 비교하여 가능할 경우에는 허가)

❖ **비행금지 행위**

① 비행 중 낙하물 투하 금지, 조종자 음주 상태에서 비행 금지
② 조종자가 육안으로 장치를 직접 볼 수 없을 때 비행 금지
  예 안개·황사 등으로 시야가 좋지 않은 경우, 눈으로 직접 볼 수 없는 곳까지 멀리 날리는 경우

※ 더 자세한 사항은 국토교통부 홈페이지 정책 Q&A 참조

Part 03 드론 기체

기체는 드론의 각 부품을 연결하고, 비행 성능을 안정적으로 유지시키는 민감한 센서들을 보호한다. 따라서 외부 충격에 의한 변형이 없는 기체가 이상적이다. 그 외에도 실용적인 외관으로 이동 시 휴대성이 간편하고 제작과 정비가 쉬운 구조가 좋다. 이번에는 드론을 운용하는 데 필요한 구성 요소와 재료, 구조 강도에 대해 알아본다.

drone maintenance

Chapter 6 드론의 구조

Chapter 7 드론의 재료

Chapter 8 드론의 구조 강도

Chapter 6
드론의 구조

드론의 비행 안전성을 검토하려면 기본적으로 각 부품들이 작용하는 힘과 원리를 이해해야 하고, 효율적인 비행이 이루어질 수 있는 평가가 이루어져야 한다. 특히 드론의 비행성과 밀접한 관련이 있는 부품 구조에 관련된 사항은 신중하게 검토하여 비행 안정성을 확보하는 것이 중요하다.

드론을 생각하면 보통 프로펠러가 4개 달린 멀티로터(Multi-rotor), 즉 쿼드콥터(Quadcopter)만 생각한다. 하지만 드론은 가장 일반적인 비행기 형태부터 헬기와 멀티로터 등 형태가 매우 다양하고, 곤충 크기부터 최근에는 사람이 타는 작은 헬기까지 크기도 매우 각양각색이다.

일반적으로 비행기처럼 고정된 날개를 갖는 드론은 '고정익(Fixed Wing)'으로, 헬기처럼 회전하는 날개를 갖는 드론은 '회전익(Rotor)'이라고 분류한다. 그리고 회전익 중에서 하나의 날개를 갖는 경우에는 '헬리콥터'라고 하고, 여러 개의 날개를 갖는 경우에는 '멀티로터(Multi-Rotor)'라고 분류한다.

1 프레임

프레임은 드론의 뼈대가 되는 부분으로, 각종 부속품을 장착하기 위한 바탕으로 사용된다. 비행 시 최대한의 양력을 받기 위해 재질로는 탄소섬유 프레임(Carbon Fiber Frame)이 가장 많이 사용되고, 플라스틱이나 알루미늄 소재도 있다.

메인프레임(Main Frame)

[그림 6-1] 드론의 프레임

가 기본 구조

① 드론의 프레임은 모든 구성 요소를 연결하는 형태를 가진다.
② 좋은 기체의 조건은 안정된 비행과 민감한 전자 장비를 보호할 수 있는 구조여야 한다.
③ 드론의 경우 양력이 발생하는 부분이 많기 때문에 비행 중 변형이 적은 기체가 이상적이다.
④ 크기와 중량은 드론의 비행에 큰 영향을 미친다.
⑤ 촬영용 및 산업용 등 특수한 목적을 가진 드론의 경우 용도에 맞게 조립과 수리가 용이한 구조가 좋다.

나 규격

① 휠베이스: 각 모터 마운트를 기준으로 원을 그렸을 때 그 지름을 말한다.
② FPV(Front Person View) 기체는 휠베이스 250급이 주를 이루고, 가볍고 작을수록 빠르게 비행하며, 충돌과 추락에도 큰 사고로 이어지지 않는다.
③ 촬영을 목적으로 한 드론의 경우 휠베이스 500급 이상이 좋다.
④ 프레임이 커질수록 보관이나 이동이 불편하여 대형 드론의 경우 보편적으로 접이식(Folding)으로 만들어서 휴대성을 극대화한다.
⑤ 프레임에 암(Arm)이 많아질수록 프로펠러 간의 간섭을 피하기 위해 커진다.

다 용도

① **군사용**: 다양한 기술을 활용한 자율비행을 통한 정찰 임무 및 공격 임무
② **상업용**: 지리정보시스템 분야의 3D 맵핑 같은 촬영을 목적으로 하는 것과 화물 운송을 목적으로 하는 택배 서비스
③ **농업용**: 살충제 및 비료 살포뿐만 아니라 농장관리, 정밀농업 확대 등으로 농업 생산성 향상에 활용
④ **정보 통신**: 고정익 및 다중 드론을 이용하여 무선으로 인터넷을 중계하는 서비스 제공
⑤ **재해 관측**: 재해현장, 탐사 보도 등 지리적 한계나 안정상의 이유로 접근할 수 없는 장소 촬영
⑥ **환경, 교통**: 기상관측, 태풍 등의 기상변화와 환경오염의 정도를 실시간 감지 및 교통상황 관측
⑦ **레저용**: 정해진 구간을 비행하는 레이싱용과 자유롭게 비행하는 취미용 및 드론 축구, 드론 배틀 등의 스포츠용

라 기본 종류

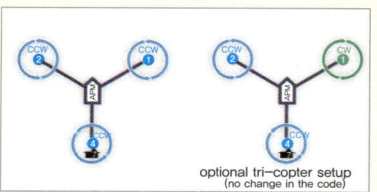

트리콥터
- 3개의 암(Arm)이 120°로 있는 것이 특징
- 이론적으로 가장 적은 모터와 ESC를 사용하기 때문에 가격이 저렴하지만, 대칭 구조가 아니어서 후방 축을 움직여 방향을 조정해야 하므로 더 복잡

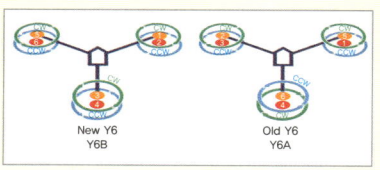

Y형 헥사로터
- 3개의 암(Arm)을 축으로 6개의 모터가 장착되어 추력을 아래로 투사하는 구조
- 자이로 현상[7]을 제거하여 모터 하나가 고장이 나도 안전하게 착륙 가능

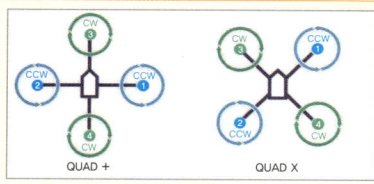

쿼드콥터
- 거의 모든 종류의 드론 디자인이기도 하며 가장 단순
- 4개의 암(Arm)으로 구성되어 있고 ×, +자로 배열된 기본 프레임

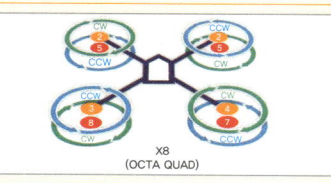

옥타로터
4개의 암(Arm)이 8개의 모터를 양쪽에 장착해서 추력이 증가하지만, 더 많은 전력을 소비하여 용량이 큰 배터리를 요구

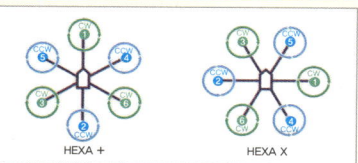

헥사콥터
- 6개의 암(Arm)으로 구성되어 더 많은 추진력 전달 가능
- 모터 하나가 고장이 나도 안전하게 착륙 가능

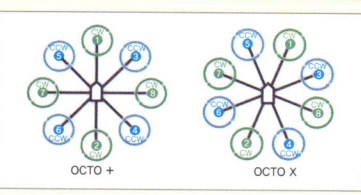

옥토콥터
- 8개의 암(Arm)으로 구성되어 좀 더 안정적이고 높은 추진력을 가진 비행 가능
- 전력 소비가 많아 큰 배터리팩 사용으로 전체적 하중이 늘어 체공 시간이 줄어듦

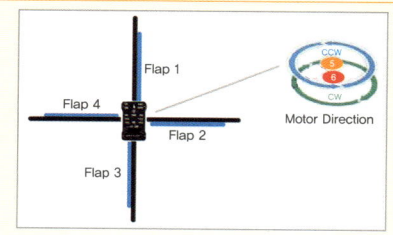

콕사콥터
반대 방향으로 회전하는 2개의 모터와 4개의 개별적인 프로펠러를 사용하여 방향 조정

---

[7] 자이로 현상: 뒤쪽의 강한 힘이 관성과 여러가지 다른 힘에 반응하여 무게 중심이 있는 앞쪽보다 앞서 나가려는 현상

2 모터

모터는 드론을 제작할 때 가장 중요한 선택 요소로, 비행의 성능을 좌우하는 부품 중 하나이다. 모터는 영구자석과 전기가 구리선을 통과할 때 발생하는 전자력의 미는 힘과 당기는 힘을 이용해 회전하는 장치이다.

가 모터의 원리

① 모터는 '플레밍의 왼손법칙'[8]에 따라 전자기장의 에너지를 운동 에너지로 변환해주는 장치이다.

② 전자기장에서는 전류의 방향, 자기장의 방향, 힘의 방향을 나타낸다.

③ 세 가지의 방향 중에서 한 가지의 방향만 알면 나머지의 방향은 손가락을 보고 알 수 있다.

④ 근본적으로 자기장 속에서 도체가 놓여있을 때 이 도체가 어떤 방향으로든지 운동하면 도체 내부에는 전류가 유도되어 흐른다.

⑤ 반대로 도체 내부에 전류가 흐르면 특정 방향으로 힘을 받아 운동한다.

⑥ 이러한 전자기적 원리를 이용하여 인위적 자기장을 형성하고, 도체를 구성한 후 전류를 공급하면 이 도체가 운동을 하는데, 이것을 '모터'라고 한다.

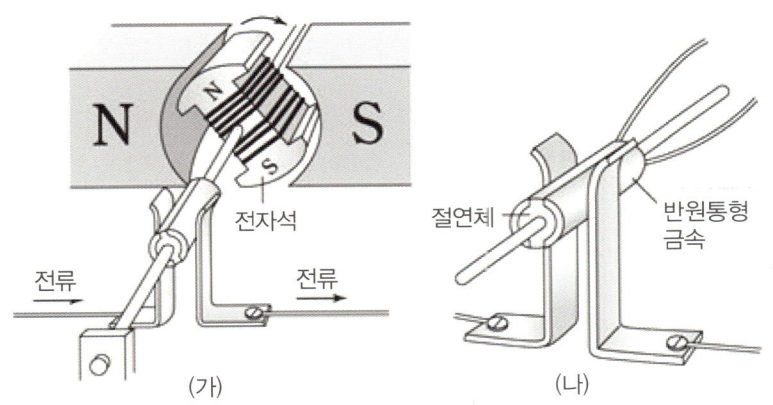

[그림 6-2] 모터의 원리

⑦ 도체가 축을 중심으로 회전운동을 할 경우에는 일반적으로 말하는 모터이다. 그리고 직선으로 움직이면 '리니어(Linear) 모터'라고 한다.

---

[8] 플레밍의 왼손법칙: 자기장 속에 있는 도선에 전류가 흐를 때 자기장의 방향과 도선에 흐르는 전류의 방향으로 도선이 받는 힘의 방향을 결정하는 규칙

나 직류(DC) 모터

① 한 방향으로 전류를 흘려 동작한다.
② 직류 전동기의 구성 요소로 전기자[9], 계자[10], 정류자[11]가 있다.
③ 전기자의 철심은 밀폐형이고, 전기자에 코일을 감아 전기자의 회전 시 원심력에 의한 코일의 이탈을 방지한다.
④ 전기자의 철심은 철손을 줄이기 위해 규소강판(규소+순철)을 얇게 해서 성층시킨다.
⑤ 전기자에 전류가 흐르면 자기력이 발생하여 계자 전류에 의한 자속의 분포와 크기가 변화한다. 그리고 전기자가 기울어져서 브러시에 아크가 발생하면 마멸되고 출력이 저하되는 전기자의 반작용이 발생한다.
⑥ 직류(DC) 모터는 출력이 크며 속도 조절이 쉬운 장점이 있지만, 가격이 비싸고 내구성이 떨어진다.

다 교류(AC) 모터

① 주기적으로 전류가 흘러 방향이 바뀌는 모터이다.
② 직류 및 교류를 모두 사용할 수 있는 만능 전동기이다.
③ 계자의 자기력과 전기자 코일의 유도전류, 그리고 교류에 대한 작동 특성이 좋고, 부하 감당 범위가 넓으며, 브러시와 정류자가 없다.
④ 브러시와 정류자의 마모가 없어 불꽃 발생이 없으며 유지 보수가 쉽다.
⑤ 브러시와 정류자 사이의 저항 및 전도율의 변화가 없어 출력이 안전하다.

라 브러시(BDC) 모터

① 브러시(BDC)의 바깥쪽에는 자석이 있고, 안쪽은 코일이 감겨 정류자를 통해 안쪽 코일에 전류를 공급한다. 이 전류는 코일에 전기자를 형성하여 바깥쪽의 자석에 밀려 회전한다.

---

[9] 전기자: 전자(電磁) 장치에서 고정 부분에 대하여 회전 또는 이동운동에 의해서 전기-기계 에너지 변환 또는 회로의 개폐 등을 하는 부분
[10] 계자: 모터나 발전기에서 NS의 자극(磁極)을 이루는 부분
[11] 정류자: 전동기의 전기자(회전 부분) 권선에 교류를 가할 때 언제나 일정 방향의 회전을 얻기 위해 필요한 것으로, 1조의 브러시를 통하여 계자 권선과 전기적으로 접촉하고 있다.

② 모터가 회전하면서 정류자가 닳아서 없어지고 열이 발생하여 뜨거워지는 문제가 발생한다.

③ 수명이 짧은 브러시(BDC) 모터는 주로 완구용에 사용된다.

마 브러시리스(BLDC-brushless DC) 모터

① 브러시리스(BLDC) 모터는 브러시가 없는 모터로, 각 Phase에 순차적으로 전류를 내보내 바깥쪽 전자석이 연속적으로 회전하도록 한다. 반영구적인 브러시리스 모터는 산업용 드론에 사용된다.

② 최근에는 브러시가 없는 브러시리스 모터가 많이 사용되고 있는데, 마이크로프로세서 제어 장치가 장착되어 신속하게 속도를 변환할 수 있게 해 주므로 정확한 비행이 가능하고, 효율성도 높다.

③ 모든 브러시리스 모터는 정해진 온도 한도 내에서 작동하기 때문에 한도를 넘어가면 효율성이 극도로 저하된다.

④ 브러시리스 모터에 3개의 Phase마다 전원을 인가하는 순서에 따라 전압을 +, -로 신호를 보내 회전한다. 따라서 양극, 음극 와이어가 따로 없어 잘못 연결되는 방법은 없고, 모터의 회전 방향만 바뀔 뿐이다.

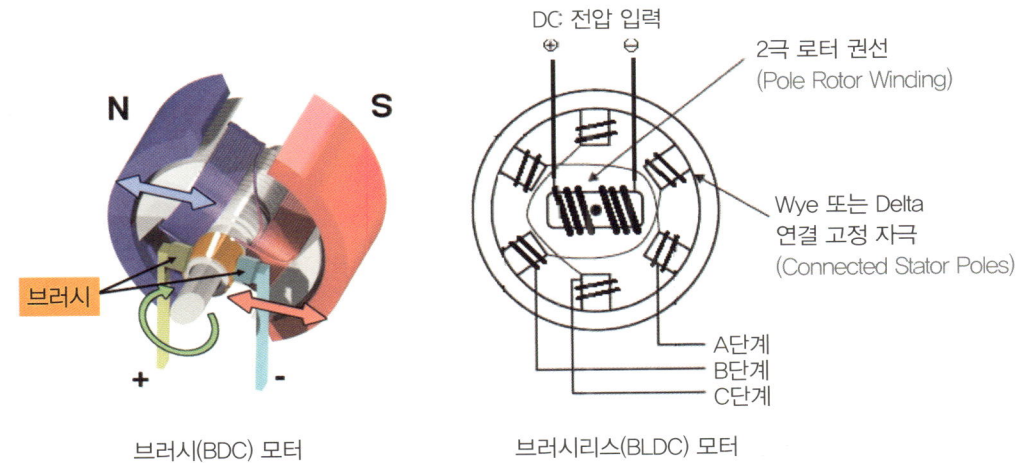

[그림 6-3] 브러시(BDC) 모터, 브러시리스(BLDC) 모터

바 회전 방식

① **내부 회전식**: 코일이 외벽에 고정된 상태에서 영구자석의 내부 전자 축에 설치되어 축이 내부에서 회전하는 방식으로, Kv가 높아 RC용으로 많이 사용된다.

② **외부 회전식**: 자석이 외벽에 고정되며, 모터 중심 축에 코일이 고정되어 외벽이 회전하는 방식으로, 회전력이 높다.

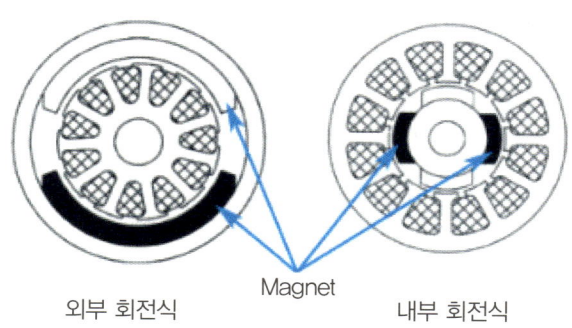

[그림 6-4] 회전 방식

사 소비 전력

① W(Watt)는 모터가 소비하는 전력이고, 이것은 모터가 1초 동안 소비하는 전력을 의미한다. 1W는 1V의 전압으로 1A의 전류가 흐를 때 전력의 상태를 나타낸다.

전력(W) = 전압(V) × 전류(A)

② Kv 정격은 특정 전압이 주어지면 최대치에서 회전할 수 있는 RPM 수치(RPM = Kv × Voltage)이다. 드론을 제작할 경우 반드시 각 모터의 회전 속도 RPM을 확인해야 한다.

③ 모터의 Kv를 높이는 것은 전압을 올리는 것보다 비효율적이다. 모터의 회전수가 높으면 회전력(Torque)이 약해지고, 회전수가 낮아지면 회전력이 강해져서 높은 RPM 수치를 생성하여 전력 소모가 크다.

아 모터 스펙

모터	스펙
Kv	모터 회전수, 1V로 1분에 회전하는 수(Rpm)
Configuration(00N00P)	• 첫 번째 두 자리 숫자는 코일의 권선 수 • 두 번째 두 자리 숫자는 전자석 개수

모터	스펙
Motor Dimensions(Dia×Len)	모터의 지름×길이
Weight(g)	모터 전체 단위 무게
No. of Cells(Lipo)	리튬 폴리머전지의 허용 셀 개수
Max Continuous Current(A)	• 최대 전압을 흘렸을 때의 허용전압 • 10초 이상 돌리면 모터에 과부하 발생
Max Continuous Power(W)	• 전력의 최대 출력이며, 10초 동안만 허용 • 그 이상 돌리면 모터에 과부하 발생
Max Efficiency Current (0~0A) > 85%	최고 효율 구간, 스로틀(Throttle) 85% 이상에서 흐르는 전압

자 모터의 추력

① 추력은 위로 들어올리는 힘으로, 드론은 전체 무게 이상으로 추력이 발생해야 뜰 수 있다.

② [필요한 최소 추력 = 전체 무게 / 모터의 개수]가 된다. 이것은 이론적인 최솟값으로, 안정적으로 비행하려면 일반적으로 전체 무게를 1.5배 정도 버틸 수 있는 추력이 있어야 한다.

③ 모터는 [모터의 전류(A) < ESC 최대전류(A) < 배터리 쿨롱(C)] 순으로 선택한다. 제조사의 제원표[12]를 참조하여 모터의 Kv와 프로펠러의 크기 등을 고려하여 기체에 맞게 사용한다.

④ 무거운 물건을 들 경우 낮은 Kv대의 모터와 큰 프로펠러를 사용하는 게 유리하다. 그리고 물건을 매달리게 하는 것보다 랜딩 부위에 고정시키는 방법이 기체의 움직임에 영향이 적다.

3 변속기

변속기(Electronic Speed Control)는 각 모터로 가는 전류를 수도꼭지처럼 조절해주는 부품이다. 이 부품은 비행 컨트롤러 또는 라디오 수신기의 PWM[13] 신호를 변환하고 적절한 수준의 전력을 공급하여 모터를 구동한다.

가 변속기 원리

① 전압을 송출하여 발생하는 전력을 동력으로 바꾸어 속도에 따라 필요한 회전력으로 변환하여 전달하는 장치이다.

---

12 제원표: 기계류의 성능과 특성을 나타내는 치수나 무게 등을 적은 표
13 PWM(Pulse Width Modulation): 펄스 폭 변조

② 트랜지스터를 사용하여 전기신호를 제어하는 것으로, 전력을 효율적으로 사용할 수 있다.

③ FC에서 PID 계산에 의해 산출된 값을 주파수로 가변하고 전압으로 변환해 모터를 제어하는 방식이다.

④ 수신기에서 보내는 각각의 채널 신호는 전자 변속기에 전달되어 브러시리스 모터에 출력을 제어한다.

⑤ 변속기마다 허용되는 전류값이 다르기 때문에 모터의 출력 표를 확인하여 변속기를 선택한다.

⑥ 드론의 배터리는 고전압을 방출하기 때문에 직접 연결하면 높은 고전압을 이기지 못하여 고열이 발생한다. 따라서 변속기에 안정적으로 전압으로 흘려주는 BEC(Battery Eliminator Circuit)가 필요하다.

나 변속기의 종류

1) 옥토(OPTO Type)

① 주로 고출력의 전자 변속기에 사용되며, 전자신호를 전기로 연결하지 않고 전달할 수 있는 전자회로이다.

② 한쪽에는 LED, 다른 쪽에는 광검출기가 달려있어서 입력된 전자신호(FC에서 들어오는 신호)를 일련의 빛으로 변환하여 이 빛을 광검출기가 감지한다.

③ OPTO 방식은 광검출기에서 감지한 빛신호를 전송하므로 전기적 노이즈를 방지한다.

④ OPTO 방식의 변속기는 FC나 수신기에 전원을 공급하는 기능이 없어서 별도의 UBEC를 연결하여 사용하며, 전원부 설정이 약간 더 복잡해지고 선도 더 많아진다.

2) 전기제어(BEC Type)

① '배터리 제거 회로'의 약자로, 주 전원(Lipo)을 낮은 전압으로 변환하고 유지하는 전압 레귤레이터이다.

② 통상적인 BEC는 'Linear BEC'로 부른다. 필요한 전압을 사용하고 나머지는 열로 변환하는 방식으로, 배터리의 효율성이 떨어지고 발열이 심하다.

③ 배터리의 출력이 떨어져도 안정적으로 전원을 공급한다.

④ 기본적으로 2개의 전자회로가 한꺼번에 내장되어 있다.

⑤ 첫 번째는 ESC 회로로, FC의 신호를 받아서 그 강도에 따라 연결된 모터의 속도를 제어한다.

⑥ 두 번째는 BEC 회로로, 배터리로부터 고전압을 받아 비행에 필요한 수준으로 전압을 떨어뜨리는 역할을 한다.

⑦ BEC Type은 모터 속도를 제어하면서 FC에 전원을 넣어줄 수 있어 전원부 설정이 간단해진다.

3) UBEC 타입

① 변속기에 내장된 BEC가 없거나 독립적인 전원 시스템이 필요한 경우 사용되는 독립적인 Switching BEC이다.

② Switching BEC는 전원 공급을 고속으로 스위칭하여 필요 전압을 유지하는 방식이다. 배터리 효율성이 높고 발열도 줄어들지만, 고속으로 스위칭하는 과정에서 노이즈가 발생한다.

③ BEC는 큰 입력과 출력 전압 차이 또는 과부하로 과열되는 경향이 있지만, UBEC에는 이 문제가 없으므로 좀 더 안정적이다.

④ 일반적으로 BEC보다 전력을 효율적으로 향상시킬 수 있고, 신뢰성이 높으며, 더 많은 전류를 제공할 수 있다.

⑤ UBEC(Ultimate Battery Eliminator Circuit)는 BEC와 같은 방식으로 메인 배터리에 직접 연결된다.

4) 허용 전압과 전류량

① Continuous Current는 변속기가 장시간으로 유지할 수 있는 전류량이다.

② Burst Current 같은 경우에는 순간적으로(약 10초 동안) 유지할 수 있는 전류량이며, 10초 후에는 급속한 발열이 시작된다. 그러니 변속기를 구매할 때는 Burst Current가 아닌 Continuous Current를 보고 사용하려는 드론의 용도에 맞는 제품으로 구매한다.

③ 변속기 용량은 모터가 소비하는 전류보다 충분히 여유 있게 선택해야 한다. 보통 모터가 소비하는 전류의 1.5~2배 정도가 적당하다.

④ 변속기의 용량이 크면 발열이 줄어들고, 모터에 쿠하가 걸렸을 경우 발화의 위험성도 줄어든다.

5) 성능

① 주로 변속기에 적용된 마이크로프로세서 칩에는 SILABS와 ATMEL, BusyBee 등이 있다.

② 변속기의 운영체제를 시동하기 전에 준비해주는 프로그램은, 내구성과 안정성이 가장 좋으면서 입력 변화에 빠른 주파수로 반응하는 BLHeli-S와 Simonk가 많이 사용된다.

③ 사용하는 프로세서와 펌웨어(Firmware)에 따라 업그레이드하는 방식이 다르므로 변속기를 선택할 때 세심하게 살펴보아야 한다.

6) FC와의 통신 방법

① **PWM**(Pulse Width Modulation): '펄스 폭 변조'라고 부른다. 가장 기본적인 정보 송신 방법으로, 일정 간격(1,000~2,000us)으로 들어오는 신호의 비율을 다르게 하여 출력하는 아날로그 제어 방식이다.

② **PPM**(Pulse Position Modulation): 송신기에서는 일정 주기(20ms)마다 각 채널의 상태(스틱의 위치)를 보내주는데, 한 주기는 20ms로, 주파수로 환산하면 50Hz이다. 한 주기의 신호를 '프레임(Frame)'이라고 하고, 이런 신호를 'PPM'이라고 하는데, 대부분의 디지털통신은 이런 식으로 구성되어 있다.

③ **Oneshot125**: FC의 동작 속도에 동기화하여 PWM보다 8배 짧은 신호를 전달하고, 속도는 2.66kHz(123~250US)이다. 이 방법은 모터 회전 속도를 강제로 줄이는 기능이 있어서 많이 사용한다.

④ **Oneshot42**: Oneshot125보다 3배 빠른 버전으로 하드웨어의 성능을 올려 최대 8kHz의 속도로 통신하는 방법이다.

⑤ **Multishot**: F4 FC에 대응하기 위해 개발된 방식으로, 5~25us의 주기 신호를 사용해서 Oneshot보다 10배 빠른 속도로 전송한다. 이 방법은 신호 주기가 빨라서 기존 FC와 호환성이 낮다.

⑥ **D-shot**: 아날로그 신호인 Oneshot 및 Multi-shot과 비교하여 모든 신호에 안전하고 정확한 ESC 신호 및 전기적 노이즈에 대해 견고성이 뛰어난 디지털 신호이다. 또한 오실레이터(진동자) 드리프트가 없어 ESC 보정이 필요없다.

7) 주의 사항

① 신호선에 장착된 각각의 BEC Power Output은 비행 통제장치에 간섭을 일으킬 수 있으므로 간섭의 가능성을 제거하기 위해 접속 단자에서 전원선을 제거한다.

② ESC와 FC의 오실레이터 속도가 다르기 때문에 펄스의 길이가 정확하게 측정되지 않을 수도 있다. 그래서 초 단위로 미세하게 측정되는 변속기를 동기화하기 위해 ESC 교정이 필요하다.

③ 전자변속기는 극성에 매우 민감하므로 반드시 배선 연결을 확인해야 한다.
④ 모터의 전원공급 사양과 변속기의 성능이 일치해야 한다는 것이 가장 중요하다.

4 프로펠러

프로펠러는 양력을 만드는 날개의 일종으로, 헬리콥터가 가장 대표적이다. 이 경우 추진용이 아니므로 '프로펠러'라는 표현을 잘 쓰지 않으며, '회전 익(Rotary Wing)', 또는 '로터(Rotor)'라고 부른다.

가 프로펠러의 원리

① 프로펠러의 회전이나 가스의 분사에 의해서 얻어지는 추력은 기체를 밀거나 당기는 추진력과 같은 것이다. 반면 양력은 중력의 반대 방향으로 작용하는 힘으로, 기체를 뜨게 한다.
② 기체의 프로펠러가 돌면 날개는 공기를 뒤쪽으로 딜어내어 비행기의 날개가 회전하는 것과 같은 효과를 준다.
③ 프로펠러의 끝단은 비틀려 있어서 회전하면 바깥쪽이 중심 축보다 더 빨리 돌고, 바깥쪽의 실속을 방지하며, 추력을 고르게 발생시킨다.
④ 프로펠러의 볼록한 위쪽을 지날 때와 평평한 아래쪽을 지날 때의 속도가 달라서 만들어진 공기의 차이는 압력의 차이를 가져온다. 그 결과, 윗면은 압력이 낮아지고 밑면은 압력이 높아져서 양력이 발생해 기체를 날 수 있게 한다.

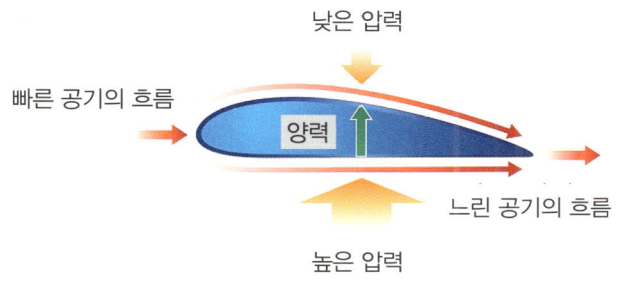

[그림 6-5] 프로펠러의 원리

나 프로펠러의 성능

① 프로펠러의 추력은 '운동량의 법칙'[Ft = mV]과 유체의 '질량 유량'[m / t = p.A.V]에 대입하여 [F(힘) = p(공기밀도), A(프로펠러 회전 면의 넓이), V²(프로펠러 깃의 선 속도)]로 정의한다.

② 프로펠러의 효율(np) = 프로펠러가 발생한 동력 / 프로펠러 축에 전달된 동력 = [T(추력)·V(속도) / P(동력)]

③ 필요 동력(Power Required)은 단위시간 동안 하는 일로, 물체에 일정한 힘이 작용하여 어떤 거리를 움직였을 경우에 힘과 거리를 곱한 것으로 나타내고, 다음과 같이 정의한다.

P_r(필요 동력) = T_r(필요 추력) × V(비행 속도) = D(항력) × V(비행 속도)

④ 이용 동력(Power Available)은 추진기관의 성능에 의해 이용 가능한 동력이다. 이 동력은 프로펠러를 구동하도록 전달되며, 프로펠러가 발생시키는 추력에 의해 비행된다.

P_a(이용 동력) = T_a(이용 추력) × V(비행 속도) = np(프로펠러 효율) × SHP(축 제동마력)

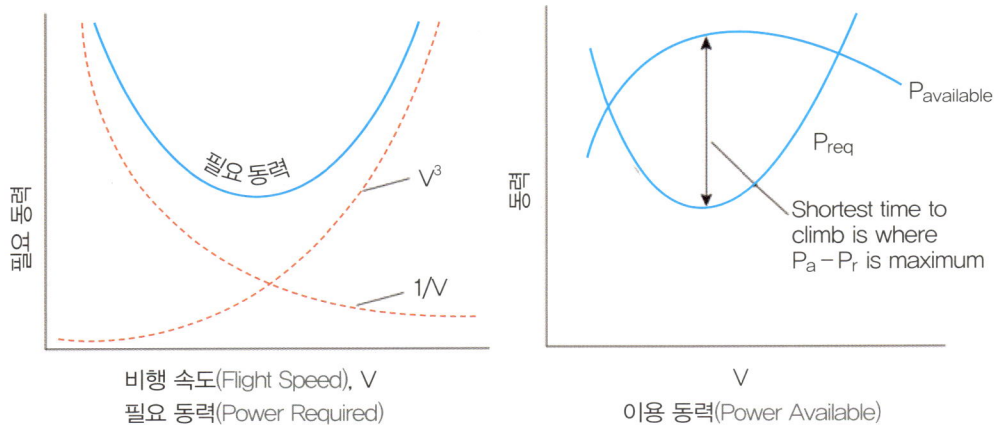

[그림 6-6] 필요 동력, 이용 동력

⑤ P_r(필요 동력)과 P_a(이용 동력)의 차를 '잉여동력'이라 하고, 기동 성능에 큰 영향을 준다.

⑥ 최대 잉여동력일 때 가장 빠른 속도로 상승할 수 있으며, 최대 상승률 비행조건이 된다.

⑦ 추력(Thrust)은 기체를 끄는 힘으로, 프로펠러가 추력을 받으면 앞쪽으로 휘어지는 휨 응력을 받는다. 그러나 이 응력은 프로펠러의 원심력에 의하여 상쇄되며 휨 현상이 크게 발생하지 않는다.

⑧ 프로펠러의 회전으로 원심력이 발생하면 원심력은 프로펠러의 깃을 밖으로 끌어당기는 힘이므로 원심력에 의해 늘어나는 힘인 인장력이 발생한다.

⑨ 프로펠러의 공기력 비틀림은 회전할 때 공기력 중심이 깃의 앞쪽으로 이동되므로 깃의 피치를 크게 하려는 방향으로 작용한다. 반면 원심력에 의해 비틀림은 깃의 피치를 작게 하려는 방향으로 작용한다.

다 프로펠러의 방향

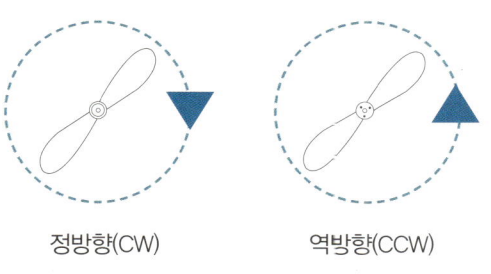

[그림 6-7] 프로펠러의 방향

① 프로펠러의 방향은 모터가 회전하는 방향으로 구분한다(회전 시 아래로 바람을 밀어내는 방향)
  ㉠ 정방향(Clock Wise)은 시계 방향으로 회전한다.
  ㉡ 역방향(Counter Clock Wise)은 시계 반대방향으로 회전한다.
② 프로펠러의 방향은 중심부와 그 주변에 표시되어 있기도 하고, 기울어진 부분을 보면 회전하는 방향을 알 수 있다.
③ 드론의 프로펠러는 균형을 맞추기 위해 짝수로 설계된 경우가 많으며, 드론의 모양에 따라 프로펠러의 수와 방향을 맞춰야 한다.
④ 반대로 결속될 경우 양력이 발생하지 않아 드론이 상승하지 않는다.

라 프로펠러의 구조

1) 프로펠러의 분류 방법

① 단순한 형태의 프로펠러도 그 날개깃의 개수와 장착된 위치 등에 따라 다양하게 분류된다.
② 크기는 프로펠러에 기재된 네 자리 숫자로 나타내며, 처음 두 자리는 프로펠러의 길이, 뒤의 두 자리는 피치를 나타낸다.

2) 프로펠러 깃

① **깃의 위치**: 허브의 중심부터 깃 끝까지 일정한 간격으로 위치를 표시한 것으로, 일반적으로 6인치 간격으로 표시한다.

② **깃 끝**: 깃의 가장 끝부분으로, 회전 범위를 나타낸다.

③ **생크**: 깃뿌리 부분으로, 허브와 깃을 연결하며 추력이 발생하지 않는다.

④ **허브**: 프로펠러의 깃을 연결해주는 부분이다.

⑤ **깃각**: 회전면과 깃의 시위선이 이루는 각도를 말한다.

⑥ **받음각**: 속도에 의하여 프로펠러에 들어오는 공기의 성분이 날개에 발생하는 내리흐름 같은 효과를 발생시켜서 감소된 받음각을 말한다.

⑦ **피치각(유입각)**: 깃각에서 받음각을 뺀 각으로, 유효 피치를 만들어주는 각이다.

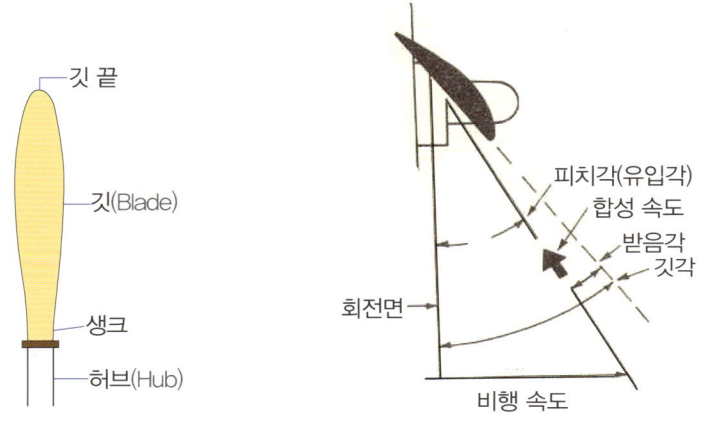

[그림 6-8] 프로펠러의 구조

3) 프로펠러 피치

① **피치**: 프로펠러의 날개각으로, 프로펠러가 한 바퀴 회전할 때의 수직 이동거리이다.

② **기하학적 피치**: 프로펠러 1회전 시 전진하는 이론적인 거리를 말한다.
$$[2\pi Rr \cdot \tan\beta]$$

③ **유효 피치**: 프로펠러 1회전 시 전진하는 실제 거리를 말한다.
$$[속도 \times 1회전 걸리는 시간 = V \cdot 60/n]$$

④ 공기가 실제로는 강체가 아니라 유체인데, 일반적으로 유효피치는 기하학적 피치보다 클 수 없다. 따라서 이 양의 차를 기하학적 피치에 대한 백분율로 표시한 것을 프로펠러의 '**슬립**(Slip)'이라고 한다.

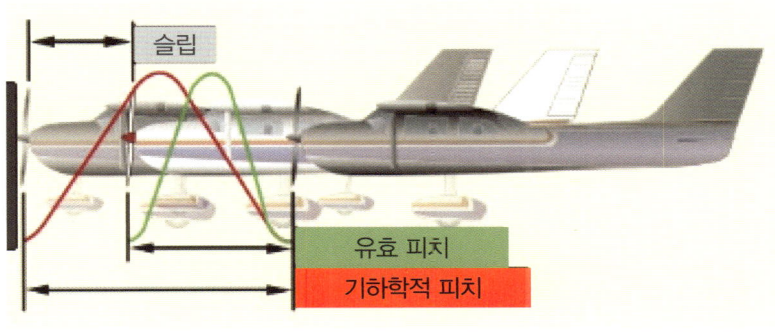

[그림 6-9] 프로펠러의 피치와 슬립

4) 프로펠러의 효율성

① 블레이드가 2개 있으면 '2엽', 3개 있으면 '3엽'이라고 한다. 3엽은 양력 발생은 높지만, 2엽보다 효율성이 떨어져 잘 사용되지 않는다.

② 프로펠러의 수가 많을수록 더 강력한 추력과 안정적이면서 빠른 속도를 낼 수 있다. 하지만 날개깃이 많을수록 간섭 현상[14] 때문에 배터리의 효율성은 떨어진다.

③ BN(Bullnose) 프로펠러는 양력을 높이기 위해 길게, 끝부분은 넓게 만든다.

④ 일반적으로 프로펠러 길이가 짧으면 모터 RPM이 큰 제품(Kv가 큰 것)을 사용한다.

⑤ 가운데 축을 중심으로 프로펠러가 접히는 구조의 폴딩(Folding) 프로펠러는 회전하면서 회전각의 밸런스가 자동으로 맞춰진다. 사고 시 파손된 날개부만 교체가 가능하고, 수납이 용이하다는 장점이 있지만, 고정형에 비해 효율성이 떨어지고 가격이 비싸다.

[그림 6-10] 폴딩 프로펠러, BN 프로펠러

---

[14] 간섭 현상: 물리학의 개념으로 두 개의 파동이 한 점에서 만났을 때 서로 소멸되거나 보강되면서 새로운 파장을 만들어내는 것을 의미한다.

마 기타 고려 사항

① 직경이 작은 프로펠러는 관성이 적어 쉽게 속도를 변화시킬 수 있어서 곡예(Akrobatik)비행에 유리하다.
② 잘 설계된 프로펠러의 효율성은 80% 이상이고, 모터의 속도(RPM)에 따라 효율성이 달라진다.
③ 플라스틱, 유리섬유, 카본, 나무 등 여러 가지 재질로 구성할 수 있다.
④ 프로펠러는 추락으로 인한 충돌이 가장 많이 일어나는 부위이기 때문에 내구성 및 유연성을 골고루 갖추는 것이 좋다.
⑤ 프로펠러의 깃을 늘린다고 추력이 높아지는 것은 아니다.
⑥ 최신 프로펠러 중에는 나사 형식의 회전 방향과 반대 방향으로 되어 있어서 프로펠러가 회전하면 자동으로 조여지도록 설계되어 있는 것도 있다.

5 조종기

비행체를 조종하려면 무선 제어 장치가 필요하다. 조종자가 손에 들고 조작하는 전파 발신 장치에서 발신되는 전파나 빛 등의 매개체를 이용하여 무선제어를 해서 조종자가 직접 제어 신호를 보내 비행체를 유도한다.

가 기본 구조

① **스틱(Stick)**: 움직임마다 1개의 채널(1~4채널)이 설정되어 드론을 조정한다.
  ㉠ **스로틀(Throttle)**: 상승, 하강
  ㉡ **피치(Pitch), 엘리베이터(Elevator)**: 앞뒤 이동
  ㉢ **롤(Roll), 에일러론(Aileron)**: 좌우 이동
  ㉣ **요(Yaw), 러더(Rudder)**: 좌우 회전
② **스위치(Switch)**: 드론의 시동이나 비행 모드 설정, 서보모터(Servo Motor) 등과 같은 on/off나 low/mid/high 같이 설정값만 조작할 수 있다.
③ **포트(Pot)**: 볼륨을 돌려 값을 정해 카메라, 짐벌 등을 조작할 수 있다.
④ **트림(Trim)**: 드론이 한 방향으로 기울거나 치우쳐 중심을 옮겨야 할 때 사용된다.

⑤ **믹서(Mixer)**: 조종기 각 채널 위치에서 받은 주파수 신호를 드론의 수신기에 연결한다.

⑥ **리미트(Limits)**: 각 채널의 움직임의 양을 제한하는 기능이다. 서보모터 등의 움직임을 원하는 양만큼 제어할 때 사용한다.

나 조종기 모드

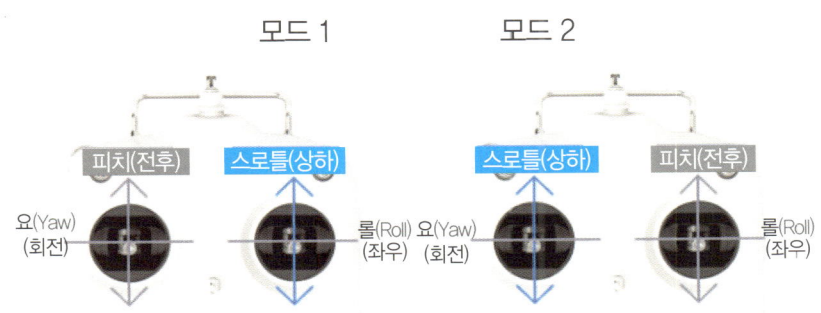

[그림 6-11] 조종기 모드

① **모드 1(Mode 1)**: 과거 많이 쓰이던 방식으로, 스로틀(Throttle)과 에일러론(Aileron)이 오른쪽에 달려 있다. 이 방식은 주로 일본과 우리나라 등에서 많이 사용된다.

② **모드 2(Mode 2)**: 현재 대부분 이 방식을 사용하며, 스로틀(Throttle)과 러더(Rudder)가 왼쪽에 있다.

③ **모드 3(Mode 3)**: 모드 2에서 오른쪽과 왼쪽이 바뀐 모드로, 스로틀(Throttle)과 러더(Rudder)가 오른쪽에 있다.

④ **모드 4(Mode 4)**: 모드 1에서 오른쪽과 왼쪽이 바뀐 모드로, 스로틀(Throttle)과 에일러론(Aileron)이 왼쪽에 있다.

다 비행 모드

① **Manual 모드**: 수동 모드로, 조종자가 모든 자세를 조작해야 하는 모드이다.

② **Attitude 모드**: 고도를 유지시켜 주는 모드로, 고도만 유지하고 나머지는 조종자가 조작한다.

③ **GPS 모드**: GPS를 통한 조종 모드로, 고도 및 현재 위치를 제어한다.

④ 비상 상황 대비 및 안전한 비행을 위해 한동안 Manual 모드로 비행제어 연습하는 것을 추천한다.

라 수신기

① 초기 시절에 등장한 모형 항공기는 낮은 AM 주파수 대역에서만 작동했다. AM 주파수 대역은 먼 거리까지 신호를 전달할 수 있었지만, 하나의 주파수를 한 사람만 사용할 수 있다는 단점이 있었다.

② 이러한 문제점을 해결하기 위해 오늘날에는 2.4GHz대 주파수 방식을 채택하여 동시에 같은 주파수를 쓰는 문제를 해결했다.

③ 조종기에서 발신되는 RF 신호는 라디오 주파수 2.4GHz(Wifi 주파수: 2.4GHz)를 수신해 FC에 보내는 역할을 한다.

④ 주파수 대역이 높을수록 신호 감도가 좋아지고 전파 간섭의 여지가 줄어든다. 하지만 수신 거리가 짧아지고 장애물에 취약한 단점이 있다.

마 수신 방식

① PWM[15] : 아날로그 통신 펄스 폭 변조 방식으로, 각 채널당 1개의 전선에서 일정 간격 동안(1초에 50번) 신호가 얼마나 오래 들어오는지를 검출해 수신하는 방식이다.

② PPM[16] : 디지털 직렬 통신 펄스 위치 변조 방식으로, 1개의 전선으로 최대 9개의 채널과 통신하여 일정 간격 동안 어느 위치에 신호가 들어오는지 위치를 바꿔가면서 그 양을 검출한다. 이 방식은 배선이 간단하여 최근에 많이 사용되고 있다.

③ 그 외에도 빠른 전송 속도와 노이즈에 강한 디지털 직렬 통신 방식을 사용한 S-Bus(시그널, 전원, GRD로 구성) 방식이 있다.

④ 직렬 통신의 1개 또는 2개의 전송 라인을 사용하여 한 번에 한 비트(Bit)씩 데이터를 지속적으로 송·수신하는 시리얼(Serial) 방식도 있다.

⑥ 최근 수신기에는 대부분 2개의 안테나가 설치되어 있는데, 이 2개의 안테나는 수신이 잘 되는 안테나로 계속 바뀌면서 수신하므로 훨씬 안정적인 수신이 가능하다.

⑦ 수신 효율성을 안정적으로 높이기 위해서 수신기와 송신기 사이에 장애물이 생기지 않게 한다. 안테나를 추가로 설치할 경우에는 전파의 방해를 피해 90도 이상 벌려 설치한다.

⑧ 수신기의 선이 길면 프레임 밖의 최대한 아래쪽에 두어 최상의 수신 상태를 유지한다.

---

15 PWM(Pulse Width Modulation)
16 PPM(Pulse Per Minute)

바 조정기 통신의 종류

1) 전파 인증

① 전파를 사용하는 기기를 사용 전에 등록하는 절차를 말한다.

② 강한 출력 때문에 다른 기기의 작동에 방해를 주거나, 전파 혼선을 일으켜서 전파 환경에 부정적 영향을 일으키는 전파를 규정하는 것이다.

③ 전파 인증을 받지 않을 경우에는 법적 처벌에 가해질 수 있으므로 반드시 전파 인증을 받은 제품을 사용한다.

2) 무선주파수(Radio Frequency)

① 전파를 이용한 무선(Wireless) 방식으로, 'RF 통신'이라고 부른다.

② 드론에서 가장 많이 사용하는 방식으로, 주파수(2.4GHz) 통신을 이용한다.

③ RF 통신에는 많은 제약이 있는데, 사용 가능 주파수는 한정되어 있고 다른 통신기기의 전파 방해를 받기 때문에 문제가 발생한다.

3) Sub 1GHz RF

① 비교적 주파수가 붐비지 않는 대역인 1GHz 이하에서 신호를 전달한다.

② 신호 거리가 길며, 낮은 전류를 소모한다.

③ 다양한 나라에서 산업 및 과학용으로 자유롭게 사용 가능한 대역이다.

(북미: 315MHz, 433MHz, 915MHz 유럽: 433MHz, 868MHz 인도: 433MHz, 865~867MHz)

4) 블루투스(Bluetooth)

① 근거리 무선 통신 기술로, 주로 10m 내외의 근거리 통신이 가능하다.

② 통신기기 간에 일대일(1:1) 연결하여 혼선이 없고, 기기 정보를 저장하고 있어서 최초 연결 후에는 재연결이 편하다는 장점이 있다.

③ 통신 모듈의 가격이 비싸고 근거리 제어가 한정적이라는 단점 때문에 주로 실내용이나 스마트폰 등에서 사용된다.

5) 와이파이(Wi-Fi; Wireless Fidelity)

① 대용량 데이터 전송이 가능하여 드론에서 영상이나 이미지 송·수신에 사용된다.

② AP(Access Point)[17]를 통해 통신하기 때문에 송신기 성능에 따라 거리 제한이 있는 단점이 있다.

③ 저가형 드론 중 와이파이 방식으로 FPV(First Person View) 모드로 통신하는 경우 수신 감도가 떨어진다.

④ 이 밖에도 LTE 통신, 적외선 통신, 통신 위성을 이용한 방식 등 드론에 거의 사용할 수 있다.

6 FC

FC(Flight Controller)는 기체의 움직임과 포지션 센서에서 감지된 정보와 조종기에서 생성된 정보를 제공받아 모터로 보내는 중앙 허브이다. FC는 비행 안정성과 관련이 깊어 고성능보다 신뢰성과 내구성이 높아야 한다.

가 FC의 기능

① 안정적 비행을 위해 최소 1초에 150회 이상 정보를 수집해 기체의 상태를 점검한다.

② 각종 센서에서 측정된 값을 바탕으로 현재 상태를 계산한다.

③ 수신기에 수신된 조종자의 명령을 드론에 보내 자세를 측정하고 제어한다.

④ GPS를 이용한 위치 측정 및 자동 임무를 수행한다.

⑤ 시스템의 상태 모니터링 기능을 한다.

나 특징

① 모든 전선은 안테나 성질을 가지고 있어서 전파 노이즈가 발생해 FC에 전기적인 문제가 발생할 수 있다.

② 외부에서 발생한 자기장 전파의 영향 때문에 FC센서의 오작동이 발생할 가능성이 있다. 따라서 내부 연결 전선은 최대한 짧게 연결하고 (−)선이 신호선을 감싸는 구조가 이상적이다.

③ FC에는 '오픈 소스(Open Source)'와 '클로즈드 소스(Closed Source)'가 있다. 이 중에서 오픈 소스는 누구나 작성한 파일과 소프트웨어를 구축하게 열어놓은 소스이고, 클로즈드 소스는 소유권이 등록되어 사용자가 임의로 코드를 변경할 수 없게 한 소스이다.

---

[17] AP(Access Point): 접근점. 무선 LAN에서 기지국 역할을 하는 소출력 무선기기를 말한다.

④ 비행 시 진동으로 인한 FC의 충격을 흡수하고, 내장된 나침계(Compass)의 기능을 진동으로부터 오는 오류를 완충하기 위해 댐퍼를 설치한다.

다 각종 센서

1) 가속도 센서(Acceleration Sensor)
① 중력의 영향이 어느 정도 변화했는지 측정하는 센서이다.
② 수평 상태의 값(X = 0, Y = 0, Z = −1)이 될 때까지 자세를 조정하여 수평을 유지한다.
③ 초기 상태 점검에 좋고, 변화한 값의 오차가 누적되지 않는 장점이 있다.
④ 노이즈 및 진동에 취약하다. 이동 시 공기 저항에 대한 오차가 상당히 크고 계산이 복잡해져서 정확한 자세 제어가 어렵다는 단점이 있다.

2) 자이로 센서(Gyro Sensor)
① 각 축의 각도 변화의 속도를 측정하는 센서이다.
② 조종자가 원하는 속도 및 기울기를 조절할 수 있다.
③ 오차값이 계속 누적되는 드리프트 현상이 발생하여 일정 기간이 지나면 정확도가 떨어진다.

3) 지자계 센서(Magnetic Field Sensor)
① 요(Yaw) 회전에 대한 오차 보정 센서이다.
② 지구의 자기장을 기준으로 자북을 측정하여 현재 드론의 방향을 판단한다.
③ 지자계 센서는 주변에 자석이나 금속이 있거나 강한 전류가 흐르는 곳에 있으면, 지구 자기장을 파악하기 어려워져서 방향성을 잃어버린다.
④ 지자계 센서에 에러가 발생할 경우 현재의 위치에서 조금씩 이동하다 보면 해결된다.

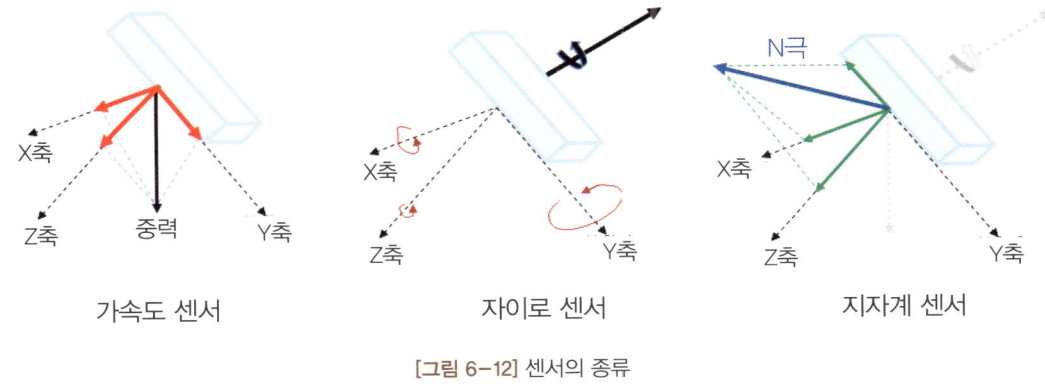

[그림 6-12] 센서의 종류

4) 기압 센서(Barometer Sensor)

① 중력에 의해 대기를 누르는 힘인 대기압을 이용해서 공기의 압력을 측정하는 센서이다.

② 이륙할 때 기압과 비행 중 위치 기압을 측정한 후 현재 고도를 계산하여 일정 고도를 유지한다.

③ 공기의 압력은 고도가 1km 올라갈수록 −6.5°C씩 떨어진다고 가정하여 측정한다. 그러므로 온도에 영향을 많이 받는 기압 센서는 온도와 비교하여 정확한 압력을 계산한다.

5) 관성 측정 장치(Inertial Measurement Unit)

① 이동 관성을 측정하는 가속도계, 회전 관성을 측정하는 자이로계, 방위각을 측정하는 지자계로 이루어진 통합 센서이다.

② 자세 변환과 위치 이동에 대한 변화 속도 및 변위량을 측정할 수 있다.

③ IMU는 항공기를 포함하여 비행물체, 선박, 로봇, ICT 분야에서 다양하게 쓰인다.

6) 관성 항법 장치(Inertial Navigation System)

① 드론의 현재 위치를 감지하여 설정된 목적지까지 이동을 유도하는 장치이다.

② 자이로스코프에서 방위 기준을 정하고, 가속도계를 이용하여 이동 변위를 구한 후 처음 위치를 입력하면, 이동해도 자신의 위치와 속도를 항상 계산해서 드론의 현재 위치와 속도를 파악할 수 있다.

③ 환경적 요인이나 전파의 영향을 받지 않는다는 장점이 있다. 하지만 긴 거리를 이동하면 오차가 누적되어 커지므로 일반적으로 GPS 등으로 위치를 보정해서 사용한다.

7) 기타 센서

① **거리계 센서**: 라이더 센서에서 초음파나 레이저를 발산한 후 돌아오는 시간과 거리를 측정하여 계산하는 센서이다.

② **비전 센서**: 10m 이하의 고도를 측정하거나 제자리 비행할 때, 그리고 장애물을 인식하여 충돌 방지 및 회피 기능을 위해 사용된다.

라 센서의 위치

① 기체 회전 각도를 감지하는 자이로 센서는 중심에 위치할 필요가 없다. 하지만 속도를 감지하는 가속도 센서의 경우 기체의 회전 중심에서 가속도 변화를 감지하지 못하면 기체 제어에 문제가 발생할 수 있다.

② 위치를 판단하는 GNSS[18]의 경우 위성 신호를 막지 않는 중심점에서 가까운 위치에 설치할 수 있다.

③ 기압계센서는 기압을 받을 수 있는 막(Diaphragm)에 힘을 받으면 전압이 발생하여 그 변화를 감지하는 방식이다. 그러므로 외부 기압을 받기 위한 구멍이 막히거나 프로펠러 등에 의해 발생하는 공기에 노출되지 않도록 주의해야 한다.

마 GNSS(Global Navigation Satellite System)

시스템 명칭	운용국	시스템 완성 연도	위성 수(개)	비고
GPS	미국	1994년	32	시스템 유지에 최소 24개 위성 필요
글로나스(GLONASS)	러시아	1995년	24	시스템 붕괴로 중단, 2009년 재개 예정
갈릴레오(Galileo)	유럽연합(EU)	2013년	30	한국 참여
베이더우(北斗)	중국	2010년 이후	35	베이징올림픽 기간 중 시범 운용
준텐초(準千頂, QZSS)	일본	2009년	3개 이상	일본 내 우선 서비스
IRNSS	인도	2013년	8	인도 내 우선 서비스

[표 6-1] 글로벌항법위성시스템(GNSS) 운용 및 개발 현황

① 전 지구 위성항법 시스템(Global Navigation Satellite System)은 우주 궤도 상 수십 개의 위성군을 일정한 형상으로 배치하여 항상 전 지구를 커버할 수 있도록 한다. 그 후 위성에서 발신한 전파를 이용하여 지구상의 사용자에게 언제, 어디서나, 누구에게나 위치, 고도, 속도, 시간 정보를 제공할 수 있게 하는 시스템이다.

② 위성 항법 측위 시스템으로 위성과 수신기와의 거리를 측정하여 좌표를 찾는 방식이다. 이 방식은 최소 4개의 위성이 필요한데, 최근 수신기는 20개 이상의 신호를 받을 수 있어서 매우 정확하다.

③ 미국의 GPS(Global Positioning System), 러시아의 GLONASS(Global Orbiting Navigation Satellite System), 유럽의 Galileo, 중국의 Beidou, 일본의 QZSS(Quasi-Zenith Satellite System), 인도의 IRNSS(Indian Regional Navigation Satellite System)가 대표적인 위성항법 시스템이다.

④ 현재는 GPS, GLONASS가 전 지구적으로 활발하게 서비스를 제공하고 있다. 이러한 전 지구적인 GNSS가 아니어도 중국과 일본, 인도 등지에서는 자국의 지역을 커버하는 '지역 위성항법 시스템(Regional Navigation Satellite System)'을 개발 및 구축하여 사용중이다.

---

18 GNSS(Global Navigation Satellite System): 인공위성을 이용하여 지상물의 위치, 고도, 속도 등에 관한 정보를 제공하는 시스템

7 추가 장치

드론은 사용 목적에 따라 크기와 성능을 달리하여 다양하게 개발되고 있다. 또한 스마트폰과 연동된 취미 생활용 드론뿐만 아니라 영상촬영용과 정찰하는 목적으로도 드론을 사용하고 있다. 드론에 장착된 부가 장치를 활용하여 다양한 서비스가 개발되는 등 드론의 활용 범위는 점차 넓어지고 있다.

가 영상 장치

① 촬영용 드론 카메라가 만들어내는 동영상과 사진을 비행을 하면서 보는 것과 비행을 끝낸 후에 보기 위한 것으로, 고성능 카메라 모듈을 장착하고 있다.

② 레이싱 드론의 FPV 카메라는 영상을 저장하는 목적보다 비행하면서 파일럿의 눈 역할을 하는 것이 우선이다.

③ 기본적으로 카메라의 품질은 화소(픽셀) 수로 결정되고, 디지털 이미지를 이루는 가장 작은 단위이다.

④ 드론마다 견딜 수 있는 무게가 다르므로 기체에 맞는 카메라를 사용한다.

⑤ 촬영용 드론의 카메라는 깨끗하고 선명한 사진과 영상을 담아낸다. 레이싱 드론은 빠른 화면을 전송하고 밝은 곳에 있다가 어두운 곳으로 들어가도 반응하는 독특한 요구조건에 따라 발전했다.

⑥ 촬영된 영상은 실시간으로 송·수신하여 라이브 스트리밍 신호로 전달받은 후 정해진 주파수 범위를 통해 출력포트로 송출하여 아날로그 신호로 영상수신기에 전달받을 수 있다.

[그림 6-13] 모니터, 안경형 모니터, 안테나

나 짐벌

① 짐벌 안에는 가속도센서와 자이로센서가 탑재되어 회전 방향과 기울어짐 등을 측정할 수 있다. 그리고 모터를 이용해 이러한 회전 및 기울어짐을 상쇄 및 보완하여 항상 수평을 유지하거나 원하는 방향을 바라볼 수 있게 한다.

② 1축 짐벌: 피치(Pitch)[19] 회전에 대해 항상 같은 각도를 유지할 수 있는 짐벌이다. 촬영용보다 레이싱 드론의 FPV 카메라의 수평 유지를 위해 사용되고, 기체가 전진을 위해 앞으로 기울어져도 카메라는 항상 전방을 볼 수 있도록 해 준다.

③ 2축 짐벌: 피치(Pitch)와 롤(Roll)[20] 축에 대하여 항상 같은 각도를 유지해 준다. 3축 짐벌보다 저렴하기 때문에 많이 사용되지만, 요(Yaw)[21] 축이 흔들리는 경우에는 안정적인 영상을 얻기 어렵다.

④ 3축 짐벌: 피치(Pitch), 롤(Roll), 요(Yaw)에 대해서 항상 같은 각도를 유지하면서 3축에 고정된 위치를 만들 수 있기 때문에 촬영에 가장 많이 이용된다. 최근에 출시되는 제품은 거의 3축 짐벌이다.

⑤ 짐벌의 크기가 커질수록 무게도 무거워지기 때문에 기체의 추력에 유의하여 선택해야 한다. 카메라의 무게가 무거울수록 카메라를 회전시키는 회전력도 커져야 하기 때문에 적용된 짐벌 모터의 출력도 확인해야 한다.

⑥ 정밀 동작을 요구하는 촬영용 짐벌은 비행에 의한 진동, 촬영 환경, 먼지, 낮은 습기, 고온 등 여러 가지 원인에 의해서 이상 동작을 보일 수 있으므로 짐벌의 종류에 따라 정비 방식을 다르게 해야 한다.

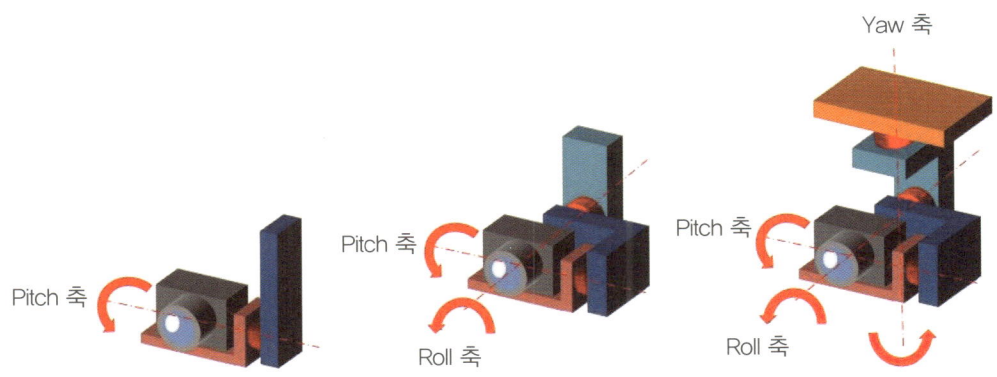

[그림 6-14] 짐벌의 종류

---

19 피치(Pitch): 가로 축이고, 항공기 왼쪽에서 무게 중심점을 통과해서 오른쪽 끝으로 연결되는 축
20 롤(Roll): 기체의 앞쪽 기수부터 뒤쪽 꼬리를 통과하는 축
21 요(Yaw): 기체의 위쪽에서 무게 중심점으로 통과해서 아래쪽으로 이어지는 축

다 LED

① 발광 다이오드로, 순방향으로 전압을 가했을 때 발광하는 반도체 소자이다.

② LED(Light Emitting Diode)가 점등되는 순서와 방법으로 기체의 현재 상태를 알 수 있다.

③ 기체에 부착된 LED로 이목이 집중되어 정확한 비행 방향을 알 수 있다.

④ 최근 LED를 여러 가지 고유한 패턴과 색상으로 표시하여 드론의 인증 정보를 제공하는 방식의 기술도 개발되었다.

[그림 6-15] NTT 도코모가 선보인 부유구체 드론 디스플레이

라 랜딩기어

① 이·착륙 및 지상에 정지해 있을 때 드론 무게를 지지하며 진동을 흡수한다.

② 착륙 시 충격을 흡수하여 기체를 보호하고 수직 성분에 해당하는 운동 에너지를 흡수한다.

③ 장착 방법에 따라 고정형과 서보(Servo)[22]를 이용한 접이식 착륙 장치가 있다.

마 GCS

① GCS(Ground Control System)는 드론의 비행 통제, 임무 계획, 실시간 제어, 영상 처리, 영상 저장 등을 처리하는 지상관제 소프트웨어로, 비행 중인 기체에 관련된 사항을 지상에서 확인 및 조종할 수 있게 한다.

---

[22] 서보(Servo): 어떤 장치의 상태를 기준이 되는 것과 비교하고, 안정이 되는 방향으로 피드백(Feedback)해서 가장 적합하도록 자동 제어하는 것

② 기체에서 일련의 측정을 거쳐 얻은 측정값을 데이터로 전송받는 관제 시스템이다.

③ 기체와의 통신은 915MHz(북미지역), 433MHz(유럽) 대역을 사용하는 텔레메트리 링크를 사용하여 무선 통신으로 전송받는다. (잘못된 주파수 통신은 위법이므로 관련법을 확인하여 표준 주파수를 사용한다.)

[그림 6-16] GCS(Ground Control System)

바 낙하산

[그림 6-17] 낙하산

① 비행 중 기체의 이상으로 사고가 일어날 가능성과 피해를 줄여주는 장비이다.

② 추락 감지센서를 통해 고도와 기울기, 가속도의 변화 등 주변 환경과 영향을 고려해 실시간으로 추락 여부를 판단한다.

③ 낙하산 자동 작동 장치는 추락 감지 장치와 연동해 드론이 떨어질 때 외부에 장착된 낙하산을 자동으로 펼쳐준다.

④ 기체에 장착된 전원과는 다른 별도의 배터리를 사용하므로 기체 배터리에 문제가 생겨도 작동이 가능하다.

⑤ 낙하산이 작동하면 추락 위치를 발신하는 기능도 있어서 나중에 기체를 쉽게 수거할 수 있다.

사 프로펠러 가드(Propeller Guard)

① 프레임에 부착하여 프로펠러 둘레에 링이나 쿠션 형태로 설치한다.

② 물체와 충돌 시 먼저 닿아 충격을 견디어 안전성을 향상시킨다.

③ 주요 진동의 원인이고 프로펠러 바로 밑에 가드 지지대가 너무 많으면 추력을 낮출 수 있다.

[그림 6-18] 프로펠러 가드

Chapter 7 드론의 재료

재료의 성질에 대한 다양성과 부식이나 환경의 영향에 의한 악화 등을 고려하여 드론 구조물에 사용되는 재료의 정보를 정확하게 파악하고, 드론에 사용되는 재료의 특성에 따라 달라지는 조건 등을 파악할 수 있다.

드론은 많은 구성품을 동작하면서 하늘을 비행한다. 각 부분 재료는 드론의 비행에 지장을 주지 않도록 가볍고 단단한 재질로 구성하여 전력 소모를 최소화하기 위해 노력해야 한다.

1 기체

이상적인 기체를 만들기 위해 각 재료가 가지는 특성을 활용하여 기동성을 높이고, 충격에 강하며, 단단하면서도 진동이 적은 프레임을 제작한다.

가 재료의 조건

① 가볍고 강한 소재를 사용하여 배터리 소모를 최소화한다.
② 온도에 따라 기계적 성질이 변하지 않는 소자를 사용한다.
③ 피로 파괴에 강한 소재로, 반복 작용하는 작은 힘에도 파괴되지 않는 재료를 사용한다.

나 재료의 성질

① **전성**: 퍼짐성으로, 얇은 판으로 가공할 수 있는 성질이다.
② **연성**: 뽑힘성으로, 가는 선이나 관으로 늘릴 수 있는 성질이다.
③ **탄성**: 외력을 가한 후 힘을 제거하면 원래의 상태로 되돌아가려는 성질이다.
④ **취성**: 부서지는 성질과 여린 성질로, 대표적인 것은 고급 회주철이다.
⑤ **인성**: 질긴 성질로, 찢어지거나 파괴되지 않는 취성과 반대되는 성질이다.
⑥ **전도성**: 열이나 전기를 전도시키는 성질이다.
⑦ **강도**: 하중에 견딜 수 있는 정도이다.
⑧ **경도**: 단단한 정도로, 정적 강도를 표시하는 기준이 된다.

다 금속과 비금속

① 철금속은 강도, 경도, 인성이 우수하고, 열처리로 쉽게 변하지 않는 성질을 가진다.
  ㉠ **순철**: 탄소 함유량이 0.025% 이하인 철이며, 불순물이 섞이지 않은 순수한 철을 말한다.
  ㉡ **탄소강**: 철의 성질을 개선하기 위해 철과 탄소를 결합한 금속이다.
  ㉢ **특수강**: 탄소강에 특수 원소를 한 가지 이상 첨가하여 특수한 성질을 가진 합금이다.
② 비철금속은 철금속 재료보다 녹는점이 낮고 열 및 전기 전도도가 우수하다(금, 은, 구리, 알루미늄, 마그네슘, 망간 등).
③ 비금속은 금속이 아닌 재료로, 카본, 고무, 나무, 종이, 플라스틱, 유리 등이 있다.

라 사용 재료

탄소섬유(Carbon)
- 탄소 함량이 90% 이상인 섬유 소재로, 철에 비해 1/4 정도 가볍고, 10배 이상 강하다.
- 머리카락의 1/10 정도의 가느다란 초경량 고강도 섬유로, 전파를 차단시켜서 중요 전자 부품들을 보호하는 기능이 있다.

플라스틱(Plastic)
- 열을 가해 성형하면 다시 가열해도 연해지거나 용융(熔融)되지 않는 열경화성 수지와 성형 후 다시 가열하면 연해지는 열가소성 수지가 있다.
- 드론에 주로 사용하는 플라스틱은 변형이 쉽고 절연성과 충격에 우수한 폴리카보네이트(PC)와 ABS(Acrylonitrile Butadien Styrene)이다.

알루미늄(Aluminum)
- 가볍고, 전성이 우수하며, 성형 가공성이 좋아 다른 금속에 비해 상대적으로 다루기 쉽다.
- 유연하여 균열보다는 구부러지는 현상으로 내구성을 높여 전체 프레임 및 보충 재료로 사용한다.

마그네슘(Mg)
- 알루미늄의 2/3, 철강의 1/5에 불과한 경금속 재료로, 비중 대비 강도가 높고, 내연성 및 진동 감쇠 능력이 뛰어나 마그네슘 합금은 항공기 부품에도 사용한다.
- 고가 드론의 카메라 부분과 발열이 심한 중요 부분은 마그네슘 합금과 탄소섬유를 사용하기도 한다.

목재(Wood)
- 가장 저렴하며 제작 공정이 쉽다.
- 프레임 손상 시 빠르고 쉽게 교체 가능하지만, 휘어짐이나 습기에 의한 뒤틀림과 갈라짐에 주의해야 한다.

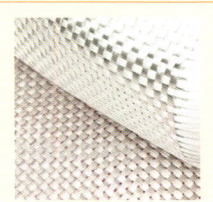

유리섬유(Glass Fiber)
- 밀도는 낮고 강도는 높아 저렴한 가격대로 가공이 쉬워 다양한 형태로 제작이 가능하다.
- 가장 경제적인 강화재로 많이 사용된다.

G10
- 유리섬유와 기본 특성은 동일하지만, 탄소섬유보다 저렴한 소재이다.
- 주로 위·아래 판에 많이 사용되고 암(Arm)에도 종종 사용된다.
- 기존 탄소 섬유와 달리 RF 신호를 차단하지 않는다.

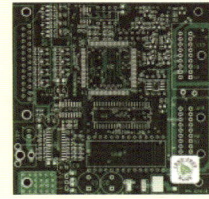

PCB
- 회로 기판에 사용되는 소재로, 유리섬유와 동일하지만 변형이 적다.
- PCB에 통합된 전기 연결로 부품을 줄일 수 있어 상단 및 하단 플레이트에 사용된다.
- 작은 기체의 경우 완전히 단일판으로 만들어지며 모든 전자 장치를 통합할 수 있다.

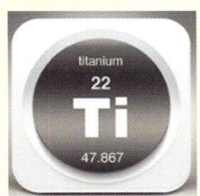

티타늄(Titanium)
- 부식에 강하고, 한계 강도도 일반 강철보다 2배나 강하며, 피로 강도도 현저히 적다.
- 드론의 필수인 무게와 부피 강한 프레임 소재로, 최근에는 티타늄 합금 소재를 드론 프레임에 적용 및 개발하고 있다.

고무(Rubber)
- 가격이 저렴하고, 탄성과 마모성이 우수하며, 접착성도 좋아 기계적·물리적 특성이 요구되는 곳에 많이 사용된다.
- 내열성, 내한성이 떨어져서 겨울철에 취약하며 노화가 빠른 것이 단점이다.

폼(Foam)
- 프레임 소재로 사용되는 경우는 거의 없다.
- 내부 골격 또는 보강 구조의 일부 형태로 쓰이며, 프로펠러 가드, 랜딩기어 또는 댐퍼링과 같은 용도로 사용할 수 있다.

마 모터

① 코어(Hore): 자속의 통로가 되며 와전류를 감소시켜서 손상을 줄이기 위해 양면이 절연된 규소 강판을 적층하여 사용한다.

② 권선(Magnet Wire): 전기 에너지를 기계 에너지로 전환하는 자장을 형성하는 매개체로, 피막의 절연 재질에 따라 특징 및 용도가 다르다.

③ 바니시(Varnish)[23] 코팅의 목적

　㉠ 고출력 모터에 절연 강화 및 기계적 강도를 증가시킨다.

　㉡ 동선 간의 마찰에 의한 절연 파괴를 방지한다.

　㉢ 절연물 속의 습기 제거 및 습기와 먼지 침투를 방지한다.

　㉣ 열 전도율을 높여 모터의 온도 상승을 억제한다.

　㉤ 절연물의 산화, 열적 분해를 약화시켜서 절연물의 수명을 연장시킨다.

바 프로펠러

① 일반적으로 플라스틱과 탄소섬유를 많이 사용한다.

② 플라스틱 재질로는 내구성이 높은 PC(Poly Carbonate)나 탄성이 강한 ABS(Acrylonitrile Butadien Styrene)를 주로 사용한다.

③ 고가의 탄소섬유 제품은 주로 산업용 드론 제작에 많이 적용된다.

④ 유리섬유 및 기타 섬유 재질에 에폭시(Epoxy)를 적용한 탄소섬유 제품도 있다.

2 체결 공구

체결 공구는 구조물의 외형을 제작하고 고정시키기 위한 조립체 체결과 사용되는 다수의 부품들을 연결하여 결합하는 연결체이다. 이것은 균일하지 않은 체결로 인한 위험을 줄여서 전반적인 기체의 견고함과 안정성을 이루는 데 중요한 요소이다.

---

[23] 바니시(Varnish): 도막 형성을 위해 사용하는 도료

가 볼트

① 반복해서 분해와 조립하는 부분에 사용하는 체결용 기계 요소이다.

② 볼트의 길이는 머리 부분과 그립부, 나사부까지의 길이를 말한다.

③ 볼트의 종류와 형태에 따라 사용 부위가 다르므로 용도에 맞게 적절히 사용한다.

나 너트

① 볼트의 체결과 풀림 방지를 위하여 코터 핀, 안전결선으로 체결해야 한다.

② 스크류 부분이 느슨해져서 떨어질 우려가 있는 곳에는 사용을 금지한다.

③ 회전력을 받는 곳이나 수시로 열고 닫는 곳은 자주 점검한다.

다 와셔

① 볼트와 너트에 의한 작용력이 고르게 분산되며, 볼트 길이를 맞추기 위해 사용한다.

② 자주 탈거되지 않는 부위에 사용되며, 기체 표면을 보호한다.

라 리벳

① 전단 응력을 담당하고, 기체 외피와 성형 헤드, 가공 헤드로 구성되어 체결된다.

② 재질은 알루미늄 합금을 사용하고, 종류에는 솔리드 섕크 리벳, 블라인드 리벳이 있다.

③ 인장 하중에 영향을 많이 받는 곳이지만, 진동과 소음 발생 지역에는 사용을 금한다. 특히 액체의 기밀이 필요한 곳에는 리벳을 사용하지 않는다.

Chapter 8 드론의 구조 강도

사용 상황에서 안전하게 목적을 달성하기 위해서는 각 부품이 과도하게 변형되거나 파괴되지 않도록 주의해야 한다. 이러한 변형이나 파괴가 일어나지 않을 응력의 한계치나 피로한도 등을 사용 조건에 따라 적당한 한도 이내에 안심하고 사용할 수 있게 드론의 무게나 중심점 등을 고려한다.

드론은 탑재되는 탑재물 및 운반하려는 화물의 무게에 따라 그 무게를 감당하여 비행할 수 있는 추진체가 형성된 드론을 따로 형성해야 하는 문제점이 있다. 즉 종래의 드론은 사용 목적 또는 운반하려는 화물의 무게에 따라 다양한 종류 및 형태의 드론으로 형성되어 있는데, 이는 사용범위에 한계가 있어 드론의 활용 측면에서 효율성이 떨어진다는 문제점이 있다. 탑재물 또는 화물의 무게가 한쪽으로 쏠리는 현상을 억제하여 드론의 무게와 중심을 최적의 상태로 만든다.

1 무게

지구가 지구상의 물체에 작용하는 중력 때문에 물체에 작용하는 중력 크기가 다르고, 장소에 따라 무게가 달라질 수 있다. 따라서 기체의 크기와 용도에 따라 무게가 다양한 드론을 안정적인 무게로 비행시간을 늘려 성능을 향상시켜야 한다.

가 추력 정보

① 제작사별로 추력 정보를 확인한다.
② 모터와 프로펠러 최대 추력으로 이륙 가능한 무게를 구한다.
③ (모터 + 프로펠러) 최대 추력 × (모터 + 프로펠러) 개수 = 최대 하중
④ 더 큰 추력을 원한다면, 모터와 프로펠러의 사양을 높이거나 기체의 무게를 최대한으로 줄여야 한다.

나 총중량

① 드론을 구성하는 기본적인 구성품인 프레임의 무게, 배터리 중량 등의 무게를 다한 것을 말한다.

② 기체의 부품을 선정하기 전에 제일 먼저 전체적인 무게를 추산하여 산출하는 일을 고려해야 한다.

③ 전체적인 무게에 따라 모터의 추력을 계산하고, 어느 정도 비행시간이 걸리는지 결정짓는 배터리 용량을 계산하여 최종적인 부품을 선정 및 선택한다.

④ 무인 비행기나 무인 회전익에는 자체 무게나 장착된 구성품에 따라 안정성 인증 및 신고가 필요한 부분이 있기 때문에 차후 어려움을 겪지 않게 무게 선정에 주의한다.

다 적재중량

① 드론에 탑재 가능한 총중량이며, 장착할 수 있는 총 무게를 말한다.

② 모터의 개수나 프로펠러의 크기 및 기종에 따라 최대 적재중량이 다르므로 재원표를 확인하여 기체가 받는 하중을 줄여야 한다.

라 두께

① 판재 형태로 제작된 프레임의 두께는 높은 강도와 비행성을 높이기 위해 가벼울수록 좋다.

② 보통 1~3mm 두께가 사용되지만, 모터 고정부와 같이 양력 발생 부위는 적게 변형하기 위해 3mm 이상 사용한다.

③ 충돌과 추락에 대비한 특수 목적의 드론은 높은 강도의 두꺼운 프레임을 사용하기도 한다.

2 CG(Center of Gravity)

드론의 모든 축은 무게 중심과 일치해야 한다. 드론의 무게 중심을 축과 일치시키면, 어느 방향으로 회전시켜도 회전시킨 각도를 유지해야 한다. 만약 회전 후 특정 방향으로 돌아가면, 회전하는 방향으로 무게 중심이 치우쳐 있다는 의미이다. 반면 무게 중심이 맞지 않으면 회전시키는 데 추가적인 힘이 필요해져서 정상적으로 작동되지 않을 수 있다.

가 흔들림 없는 축

① 무게 중심은 중력에 의한 회전력(Torque)[24]이 0이 되는 점을 말한다.

② 지나친 편중으로 축이 기울어진 기체는 원하는 각도에 정지시키려고 해도 무너진 축 때문에 추가 제어를 하므로 불필요한 에너지 소비와 기체 및 배터리의 수명을 단축시키는 결과를 가져온다.

나 축의 위치

① 기체의 무게 중심은 가로(X), 세로(Y), 수직(Z) 축을 기점으로 가능한 가운데에 위치해야 흔들림이 적다.

② 축의 위치가 달라지면 회전 모멘트 값이 달라져서 축을 기점으로 가까운 쪽의 모터가 하중을 받는다.

③ 모터는 축을 중심으로 대각에 위치하여 움직임을 일치시키는 것이 좋다.

다 중심 위치

① 기체의 균형은 매우 중요하다. 따라서 무게 중심을 무시하면 이륙이 힘들거나 모터와 배터리 성능 저하의 원인이 된다.

② 기체에 부착물을 설치할 경우 적절한 위치에 장착하여 무게와 균형을 잡는다.

③ 배터리와 배선 등으로 인한 무게의 차이를 줄이거나 가벼운 쪽에 추를 달아 적당한 무게를 맞춘다.

④ 기체의 위치를 배열할 때 무게 중심에 가장 큰 영향을 주는 배터리에 여유 공간을 주어 중심점을 잡을 수 있도록 하는 방법도 있다.

---

24 회전력(Torque): 물체에 작용하여 물체를 회전시키는 원인이 되는 물리량으로, '비틀림 모멘트'라고도 한다. 단위는 N·m 또는 kgf·m을 사용한다.

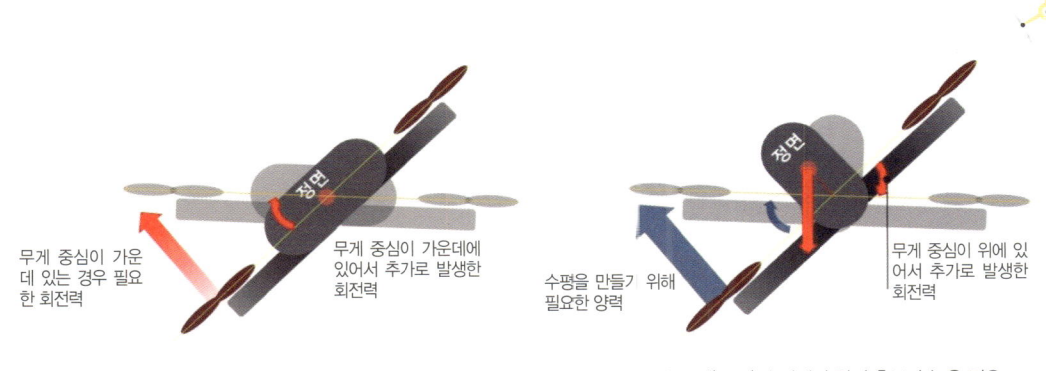

[그림 8-1] 중심 위치

라 무게 중심점 구하기

① 무게 중심점은 물체가 균형을 유지해서 어느 한쪽으로도 기울지 않는 지점에 있는 무게가 공평하게 나눠지는 지점을 말한다.

② 무게의 중심은 바닥에 수직 방향으로 작용하는 중력의 영향을 받으므로 무게 중심과 수직선 상에 가까울수록 안정적이다.

③ 물체는 무게 중심이 낮을수록 안정적이고, 무게 중심이 높을수록 불안정해진다.

④ 정적인 상태에서는 무게 중심이 모양의 중심보다 낮을수록 안정적이다.

⑤ 동적인 상태에서는 무게 중심이 모양의 중심보다 높을수록 안정적이며, 제어의 편리성과도 연관이 있다.

⑥ 중심점은 분포된 질점들의 무게를 평균 계산식으로 구할 수 있다. 즉 무게 중심을 X_C, 전체 질량을 W, 각각의 질점들을 $W_k \cdot X_k$라고 하면 $[W \cdot X_C = W_k \cdot X_k]$의 수식으로 표현할 수 있다.

Part 04 드론 장비

드론은 전기적인 신호에 각종 장비를 사용하여 운용된다. 전기적인 각종 신호 장치의 구조와 올바른 사용방법 및 연결방법에 대해 알아보며, 센서(Sensor) 장비의 종류, 원리, 드론에 사용되는 센서 장비를 이해하고, 매개변수(파라미터)에 구조 FC(Flight Controller)를 사용할 때 알아야 할 매개변수와 드론을 운용하는 필요한 각종 통신 장비에 대해 알아본다.

drone maintenance

Chapter 9 드론의 전기 계통

Chapter 10 드론 센서

Chapter 11 매개변수

Chapter 12 드론 통신

Chapter 9 드론의 전기 계통

드론의 전기 계통에 핵심과 비행을 관장하는 FC(Flight Control)은 각종 장치 및 구성 요소로 연결되어 있다. 전기적 주요 장치들의 전기 신호는 비행을 위함이기도 하지만 비행 전 기체의 상태를 소리나 LED 빛으로 알려주기도 한다. 이러한 장치를 올바르게 사용하기 위해 종류와 연결 방법 구성별 조건에 대해 알아본다.

Pixhawk, DJI에 관련된 FC(Flight Controller) 및 주요 장치들을 구성 배치도를 통해 드론의 전기 계통을 설명한다. FC와 이루어지는 해당 장치들의 용도와 연결 순서 및 종류, 구성별 조건 사항과 장치별 사용되는 방법 변경이 가능한 계통에 대해 알아본다.

1 Pixhawk2

가 구성 배치도

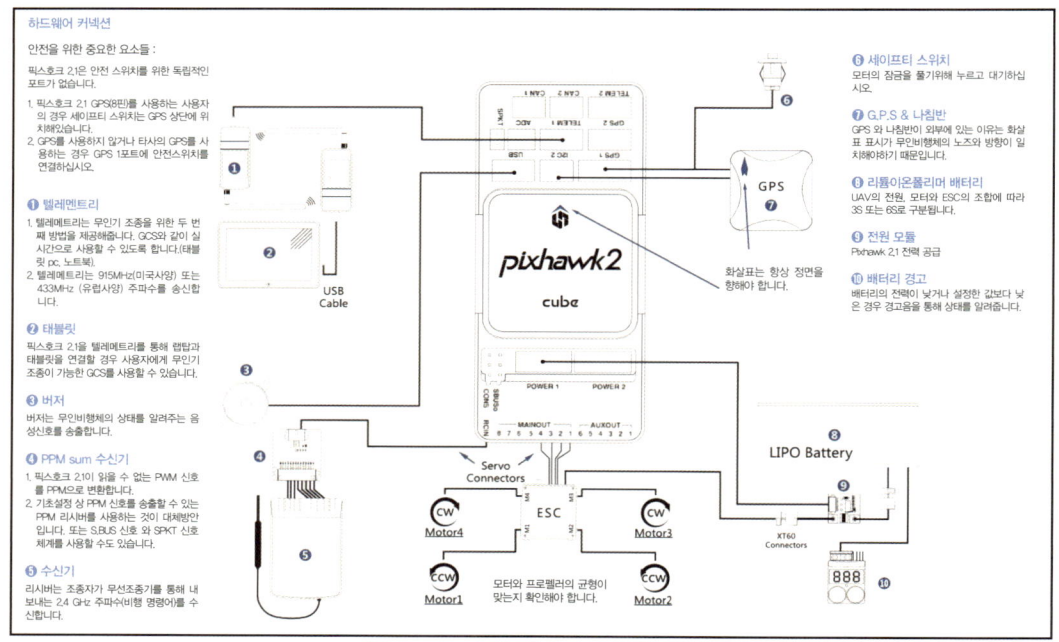

[그림 9-1] Pixhawk2의 구성 배치도 (출처: http://www.hex.aero/ 〈HEX〉 'Pixhawk2 Assembly Guide')

나 세부 사항

1) Telemetry 및 태블릿

① FC의 상태를 확인할 수 있는 무선 통신 장비이다.

② 1번은 태블릿이나 휴대폰, PC와 마이크로 5Pin-USB 포트를 이용해 연결한다.

③ 2번 Post는 FC Telemetry1에 연결한다.

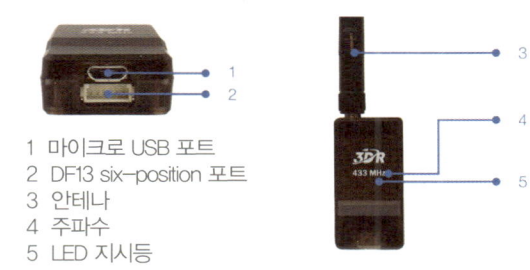

1 마이크로 USB 포트
2 DF13 six-position 포트
3 안테나
4 주파수
5 LED 지시등

[그림 9-2] Telemetry

2) 태블릿, 휴대폰 및 PC

① FC 상태와 자동 비행경로 설정 및 진행 상태 확인 사항을 모니터링할 수 있다.

② GCS(PC: Mission Planner, Tablet: QGround Control, Tower)를 이용한다.

3) Buzzer

① FC 부팅 시 또는 환경 설정 확인 및 각종 오류 상황 발생 시 비프음으로 상황을 알려주며, 비프음[25] 이 울리는 주기에 따라 상태를 파악할 수 있다.

② Buzzer는 FC USB에 연결한다.

[그림 9-3] Buzzer

4) PPM Sum Receiver

① PPM 인코더 장치를 통해 PWM 신호를 PPM 신호로 변환한다.

② PPM 방식은 수신기 채널 1(Aileron), 2(Elevator), 3(Throttle), 4(Rudder)에 해당 신호선을 각각 연결한다.

③ Ground, Power, Signal 방향에 맞게 RCIN에 연결한다.

---

25 비프음: '삐' 음으로, 스피커에서 소리가 나게 하는 프로그램의 명령어

Chapter 9 드론의 전기 계통 | 99

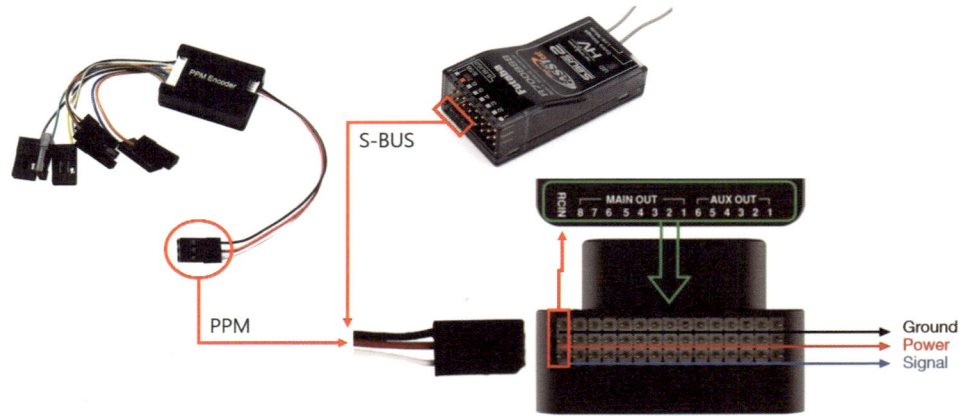

[그림 9-4] PPM Sum 수신기

5) Receiver

① 2.4GHz 주파수를 사용하는 수신기이다.

② S-BUS를 지원하는 수신기는 S-BUS 채널과 FC RCIN에 바로 연결하여 사용할 수 있다.

6) 안전 스위치(Safety Switch)

① Motor Lock 스위치를 통해 설정 및 해제한다.

② Motor Lock이 설정되어 있을 경우에는 Arming 신호에도 동작하지 않는다.

[그림 9-5] 스위치

7) GPS & Compass

① 드론의 비행 모드에 사용되며 위치를 표시할 수 있는 장비이다.

② GPS는 FC의 GPS1에 연결한다.

③ FC GPS2에 GPS를 추가하여 2개의 GPS를 운용할 수 있다.

④ Pixhawk2가 출시되면서 전용으로 here, here+(RTK) GPS가 Pixhawk2에 사용된다.

⑤ here GPS는 기존에 따로 달려있던 Safety Switch를 GPS에 적용했다.

⑥ GPS를 장착할 경우에는 다음의 그림과 같이 방향을 일치시켜야 한다.

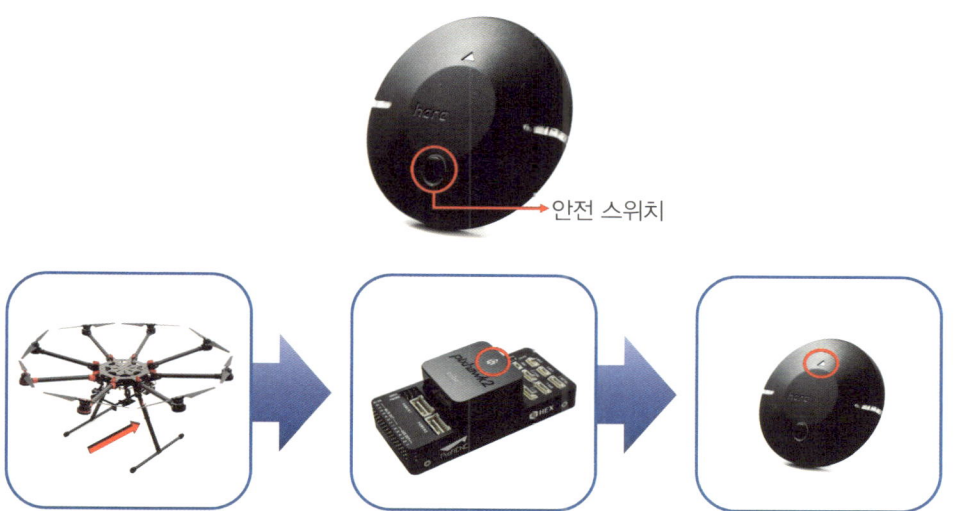

[그림 9-6] Here GPS, FC GPS 진행 방향

8) 리튬 이온 폴리머 배터리

① LI-PO 배터리는 주로 3S~6S 배터리를 사용한다. 3S, 4S 프레임은 550급이나 680급보다 이하에 사용되며, 6S는 1000급 정도에 주로 사용된다.

② 배치도에서 배터리는 파워(Power) 모듈 및 ESC로 전원이 인가되며, ESC를 통해 모터로 연결된다.

③ 그림과 같이 FC MAIN OUT 1~8번은 ESC 시그널에 연결한다.

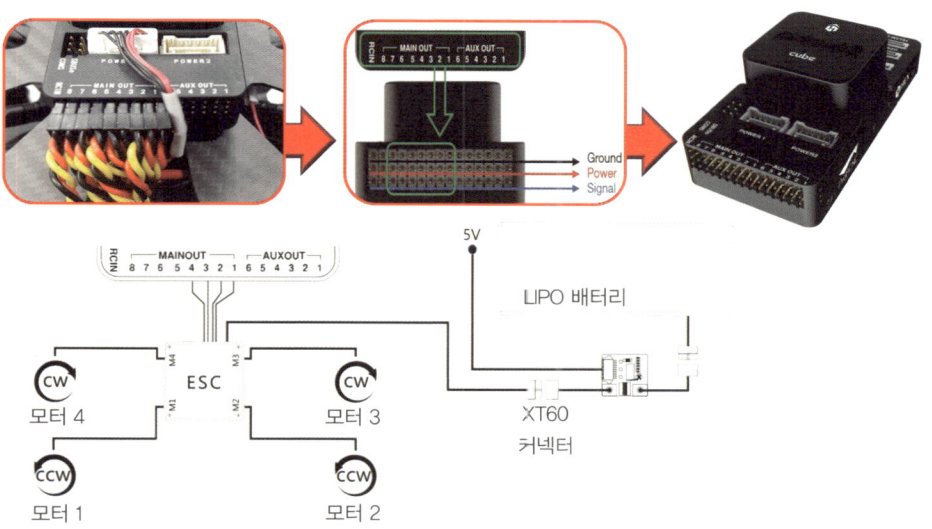

[그림 9-7] LI-PO 배터리, 아웃풋

9) 파워 모듈

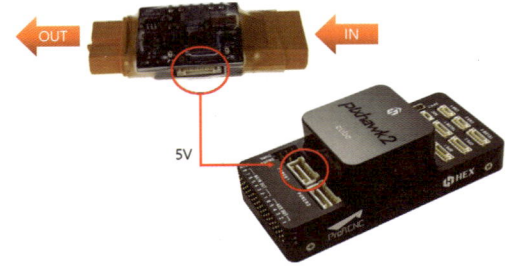

[그림 9-8] 파워 모듈

① IN에 배터리를 연결하며 OUT을 통해 진행한다.

② 모듈을 통해서 5V를 케이블을 이용하여 Pixhawk2 Power1에 연결한다.

10) 배터리 Warning

① 배터리 총량 셀별 용량을 체크하는 장치이다.

② 배터리 셀 밸런스 포트(Cell Balance Port)와 연결하여 용량을 확인하고, 셀에 기준 전압을 설정하며, 저전압 시 비프음을 설정할 수 있다.

2 DJI A3, A3 Pro

가 구성 배치도

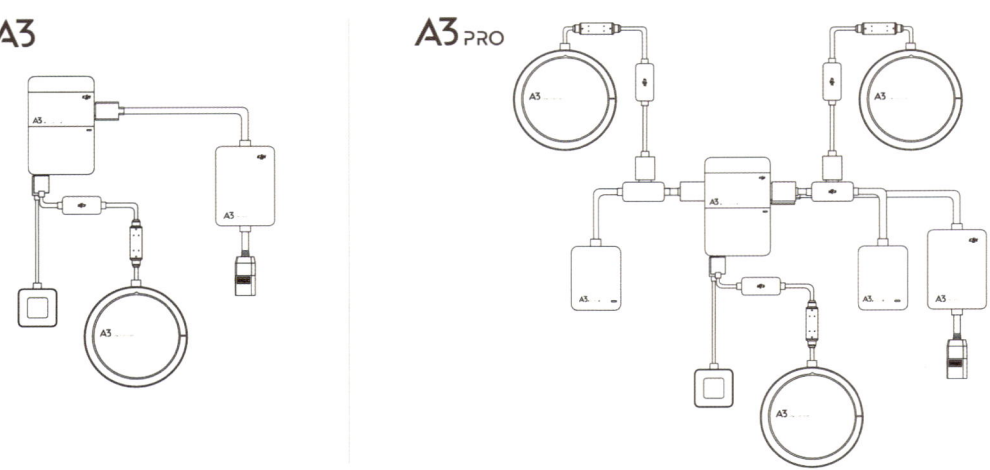

[그림 9-9] A3, A3 Pro 구성 배치도

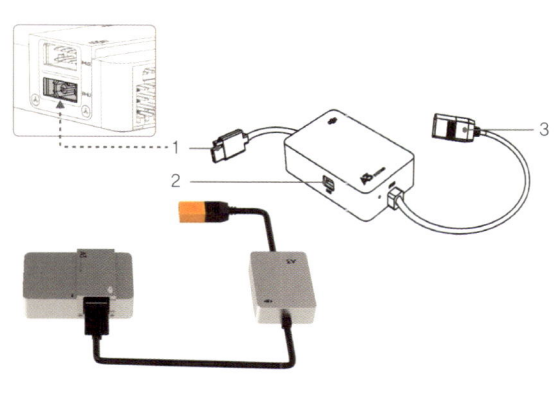

[그림 9-10] PMU

1) PMU 모듈

① 1번 포트와 FC PMU와 연결되며, 9V에 전원이 인가된다.

② 2번 iBAT 예약 포트이다.

③ 3번 LI-PO Battery와 연결되며 3S~12S까지 지원된다.

2) LED 모듈

① 1번: 비행 상태 표시기, 비행 제어 시스템의 상태를 확인한다.

② 2번: Micro USB Port DJI Assistant를 통해 A3 또는 A3 Pro를 구성하고 업그레이드하는 데 사용된다.

③ FC LED Slot에 연결한다.

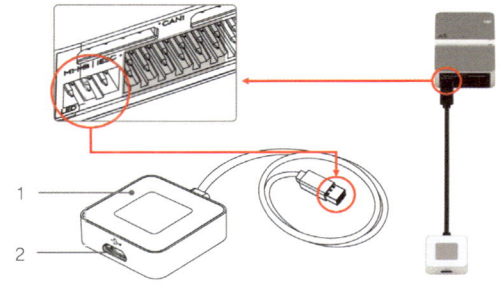

[그림 9-11] LED, 마이크로 USB

3) GPS

① 1번: 상태 표시기 GPS-Compass Pro Module과 3중 모듈식 다중화 시스템의 상태를 확인한다.

② 2번: 방향 화살표 GPS-Compass Pro Module에는 항공기 기수를 가리키는 화살표가 부착되어 있다.

③ 3번: 확장 CAN1 Port는 DJI CAN 버스 전용 포트로, 실시간 이동 측량(RTK-GPS 시스템)과 통신한다.

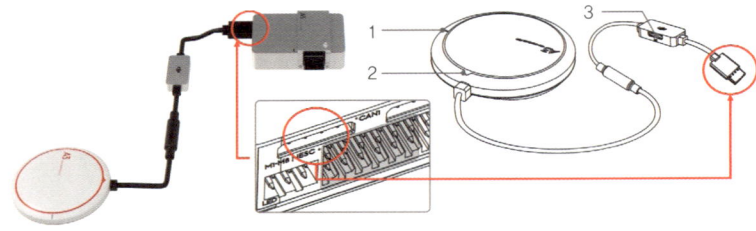

[그림 9-12] GPS

④ FC CAN1 Slot에 연결한다.

4) A3 Pro IMU 및 GPS

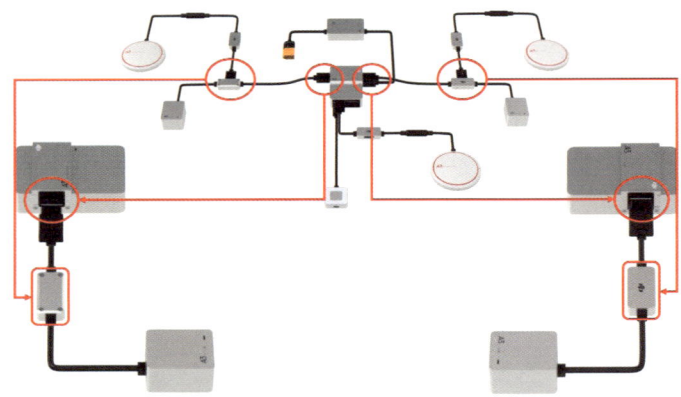

[그림 9-13] A3 Pro IMU 및 GPS

① A3 Pro에서는 기존 IMU-GPS에서 IMU1-GPS와 IMU2-GPS가 더 추가되어 3개의 IMU와 GPS로 구성된다.

② 3중 모듈식 다중화를 더해 시스템의 고장 위험을 획기적으로 줄이고, 기존 A3보다 더 정밀하게 위치를 제어할 수 있다.

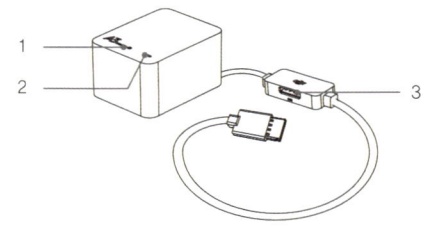

[그림 9-14] IMU

③ FC 좌우측으로 IMU1, IMU2에 연결한다.

④ 1번 IMU Pro 방향 화살표로 진행 방향을 확인한다.

⑤ 상태 표시기로 IMU Pro 모듈과 3중 모듈식 다중화 시스템의 상태를 확인한다.

⑥ 드론 기체와 FC, GPS, A3 Pro IMU는 진행 방향이 같아야 한다.

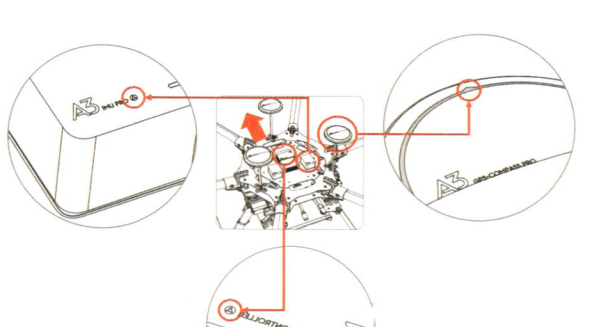

[그림 9-15] FC, IMU, GPS의 진행 방향

5) ESC Signal 및 모터

① M1~M8 ESC Signal Port이다.

② ESC Signal은 모터 순서에 맞게 연결한다.

③ ESC 및 모터 전원은 보드를 통해 각각 연결된다.

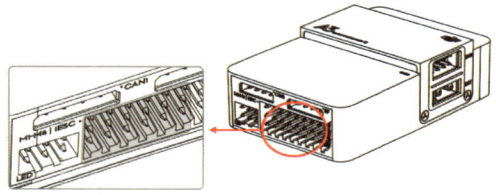

[그림 9-16] FC Output

6) DJI Lightbridge2

① DJI FC 전용 장치로서 Lightbridge2 DBUS Post와 FC RF Post에 연결된다.

② Lightbridge2는 DJI 전용 송신기만 사용된다.

③ GCS는 'DJI Go' 애플리케이션이 설치된 태블릿이나 휴대폰을 통해 FC 정보 및 상태를 확인할 수 있으며 블루투스로 연결된다.

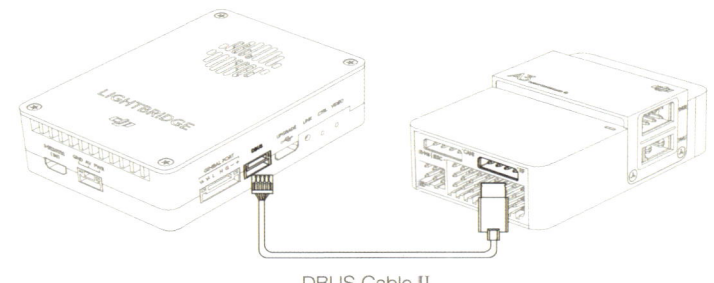

[그림 9-17] FC – Lightbridge2

④ 카메라에서 촬영된 영상 및 비행 영상을 'DJI Go' 애플리케이션을 통해 확인할 수 있고, Gimbal 포트를 통해 Slave 조종기를 사용하여 Gimbal만 조종할 수 있다. (Slave 송신기는 주로 Gimbal 조종용으로 사용되며, 항공 촬영에 많이 사용된다.)

7) S-BUS 수신기

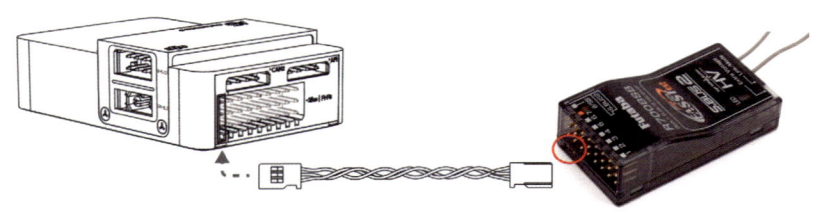

[그림 9-18] FC-S-BUS 수신기

① Lightbridge2를 제외한 수신기는 S-BUS 방식만 지원된다.
② S-BUS 송신기는 주로 FUTABA를 많이 사용한다.
③ DJI DR 16 수신기를 연결하여 사용할 수 있다.
④ S-BUS 및 DR16 수신기 사용 시 DJI에서 지원되는 'DJI GO' 애플리케이션은 사용할 수 없다.
⑤ Gimbal 카메라를 사용할 경우 별도의 수신기로 Slave 송신기를 바인딩하여 Gimbal을 컨트롤한다. 또한 영상도 송·수신 장치를 별도로 설치한다.

Chapter 10 드론 센서

센서(Sensor)란 열, 빛, 온도, 압력, 소리 등의 물리적인 양 또는 변화를 감지하거나 구분 및 계측하여 일정한 신호로 알려주는 부품이다. 드론에 기본적으로 사용되는 가속계, 자이로스코프, 기압계, GPS(Global Position System), IMU(Inertial Measurement Unit) 센서들의 원리 및 추가로 사용되는 드론의 각종 센서들을 알아본다.

열, 빛, 온도, 압력, 소리 등의 물리적인 양 또는 변화를 감지하거나 구분 및 계측하여 일정한 신호로 알려주는 부품이나 기구 또는 계측기, 인간이 보고 듣고 하는 오감을 기계적 · 전자적으로 본떠 만든 것이라고 이해하면 쉽다. 드론 센서의 활용범위는 동작을 감지하거나, 소리에 따라 반응하거나, 누르는 힘에 따라 반응하는 등 매우 넓다. 센서의 종류에는 온도 센서, 압력 센서, 유량 센서, 자기 센서, 광 센서, 음향 센서, 미각 센서, 후각 센서 등이 있다. 고속도로에 차량이 진입하면 나오는 통행카드, 교실의 화재감지기, 현관의 자동점멸등, 어두워지면 켜지는 가로등, 간단한 센서 등이 그 예이다.

1 센서(Sensor)

센서는 '감지기'라고도 하는데, 사람의 눈, 코, 귀, 혀 등과 같은 역할을 하며, 감지한 정보를 인간의 두뇌에 해당하는 정보처리부에 전달해서 판단을 내리게 한다. 즉 인간의 오감에 해당하는 것이 감지기이고, 컴퓨터는 뇌에 해당한다. 대상이 되는 물리량은 앞에서 언급한 것 외에 자기, 변위, 진동, 가속도, 회전수, 유량, 유속, 액체 성분, 가스 성분, 가시광, 적외선, 초음파, 마이크로파, 자외선, 방사선, 엑스선 등 20여 종에 이르며, 각각 쓰이는 재료도 다양하다. 에너지 절약, 자원 절약, 공해방지, 생산 부문의 고효율화 · 정밀화, 주택 · 사무실의 각종 기기의 고성능화, 교통통제의 고도화, 재해방지 시스템의 효율화 등 사회 각 부문의 요구를 충족시키려면, 정보처리 시스템과 그 정보를 얻기 위한 각종 기기가 필요한데, 이러한 상황에서 그 중심이 되는 것이 감지기이다. 출력 신호로는 전기신호가 많이 쓰인다. 왜냐하면 증폭, 축적(메모리), 원격 조작 등이 쉽고, 뇌에 해당하는 컴퓨터에 쉽게 입력할 수 있기 때문이다.

2 드론 센서

가 드론 센서의 종류

1) 자력계

자력계(Magnetometer)는 나침반 기능을 하는 센서이다. 자북을 측정하여 드론의 방향 정보를 드론의 CPU로 보낸다. 이 센서는 GPS 기능이 있는 드론에 기본적으로 장착된다. GPS의 위치 정보와 자력계의 방위 정보, 가속도계의 이동 정보를 결합하면 드론의 움직임을 파악할 수 있다. 북위 70도 이상에서는 자북의 측정이 불가능하기 때문에 이 위도 이상에서는 GPS 드론의 사용이 제한된다. 기본적으로는 나침반이다 보니 주변에 자성을 띠는 물체에 영향을 받고, 전자기파를 내는 전력선이나 전자기기, 자동차 같은 철 구조물도 영향을 미친다. 자력계(Compass) 오류가 발생할 경우 현재 위치에서 조금씩 이동하다 보면 해결된다.

2) 3축 가속계

3축 가속계(Accelerometer)는 센서에 가해지는 가속도를 측정한다. 가속도센서가 3축이라는 것은, 센서가 3차원에서 움직일 때 X축, Y축, Z축 방향의 가속도를 측정할 수 있다는 의미이다. 이를 통해서 중력에 대한 상대적인 위치와 움직임을 측정한다. 드론에서는 비행체의 움직임에 의해 발생하는 자이로스코프의 오차를 보정하는 데 사용된다. 자이로스코프와 함께 드론이 안정적인 자세를 유지할 수 있도록 도와준다. 이 외에도 게임기 컨트롤러나 스마트폰 등 장치의 미세한 움직임을 감지할 때 3축 가속계를 사용한다.

3) 3축 자이로스코프

3축 자이로스코프(Gyroscope)는 드론이 수평을 유지할 수 있도록 도와주는 가장 기본적인 센서로, 세 축(X축, Y축, Z축) 방향의 각 가속도를 측정하여 드론의 기울기 정보를 제공한다. 자이로스코프가 없는 드론도 비행이 가능할까? 전혀 불가능하지는 않다. 카메라와 초음파 센서를 이용해서 자이로스코프와 비슷한 역할을 하게 할 수는 있지만, 값싼 자이로스코프를 대신해서 복잡하고 불완전한 방법을 선택할 이유는 없을 것이다. 이런 이유 때문에 장난감 드론부터 상업용 드론까지 자이로스코프는 필수적으로 장착된다.

4) 기압계

대기압은 해수면에서의 높이에 따라 결정되는데, 기압계(Barometer)는 이 원리를 이용하여 대기압을 측정한 후 무인기의 고도를 측정한다. 기압계는 다른 말로 '압력계'라고도 부른다. 하지만 드론의 고도를 측정하는 데 기압계만 사용하는 것은 아니다. 왜냐하면 정확도가 그리 높지 않기 때문인데, 드론은 대부분 고도를 측정하기 위한 추가적인 방법을 사용한다. 일반적으로는 GPS 센서를 사용하여 고도를 매우 정밀하게 측정할 수 있다. GPS를 사용할 수 없는 실내에서는 초음파나 이미지 센서를 사용하여 정밀하게 고도를 측정한다. 기압계만 가지고 있는 작은 장난감 드론의 경우 집 안의 방문을 여는 것에 따라서도 고도가 오르락내리락한다. 이것은 실내의 공기 압력이 변하기 때문에 나타나는 현상이다.

5) GPS

GPS(Global Positioning System)는 인공위성의 신호를 사용하여 드론의 위치 좌표와 고도를 측정한다. 요즘에는 일반적인 저가의 아마추어 드론에도 GPS 센서를 장착한다. GPS 신호를 송출하는 인공위성은 미국, 러시아, 유럽, 중국 등에서 군사용 목적으로 띄웠지만, 현재는 상업용으로 개방하여 대부분의 항공기 및 무인항공기(UAV)에 사용한다. 물론 우리가 매일 사용하는 스마트폰 지도와 내비(NAVI)도 GPS 신호 덕분이다. 가끔 드론을 잃어버렸다는 글을 볼 수 있는데, 대부분 이 GPS의 오작동 때문이다. 지자기(KP)가 강한 날은 드론을 사용하지 말라고 주의하는 이유는, GPS 신호 간섭으로 드론이 엉뚱한 행동을 할 수 있기 때문이다. 물론 조종기와 드론 간 통신에도 문제가 생기므로 KP 지수가 높은 날은 드론을 날리지 않는 게 좋다.

6) RTK

DJI D-RTK   Pixhawk2 Here + RTK

[그림 10-1] D-RTK - www.proficnc.com Here + RTK

RTK(Real Time Kinematic) 방식은 코드 처리 방식인 DGPS(Differential GPS)와 달리 반송파 신호를 사용하는 방식으로, 'CDGPS(Carrier phase DGPS)'라고 한다. RTK는 기본적으로 지상국에 고정된 GPS 수신기를 설치하여 지상국 위치 좌표와 위성에 의한 좌표 차이값(위치 보정 데이터)을 취득하여 드론에 탑재된 GPS 수신기에 전달한다. 드론에 탑재된 GPS 수신기는 위성에 의해 취득한 좌표에 지상국으로부터 송신되는 위치 보정 데이터 (Correction Data)를 합성하여 현 지점의 정확한 좌표를 실시간으로 결정할 수 있다. 그 결과, RTK는 5cm 정도의 오차로 측정할 수 있다.

7) IMU(Inertial Measurement Unit)

IMU(관성 측정 장치)는 이동물체의 속도와 방향, 중력, 가속도를 측정하는 장치이다. IMU의 기본 구성 요소는 3차원 공간에서 자유로운 움직임을 측정하는 자이로스코프(Gyroscope), 가속도계·지자계 센서이다. 자이로스코프는 정해진 기준 방향을 감지하고, 가속도계는 속도 변화를 측정하여 이동물체의 롤(Roll), 요(Yaw), 피치(Pitch) 등을 감지한다. 가속도계는 이동 관성을, 자이로스코프는 회전 관성을, 지자계센서는 방위각을 측정한다. IMU는 항공기를 포함하여 비행물체, 선박, 로봇, ICT 분야 등에서 폭넓게 쓰인다.

나 드론 외부 센서의 종류

1) 초음파 센서

초음파 센서(Ultrasonic Sensor)는 사람의 귀에 들리지 않을 정도로 높은 주파수(약 20kHz 이상)의 소리인 초음파가 가지고 있는 특성을 이용한 센서이다. 초음파는 공기나 액체, 고체에 사용할 수 있는데, 주파수가 높고 파장이 짧기 때문에 높은 분해력을 계측할 수 있는 특징이 있다. 초음파 센서에 이용되는 파장은 매체의 음속과 음파의 주파수에 따라 결정되고, 바닷속의 어군탐지기나 소나(Sonar)[26]에서는 1~100mm, 금속 탐상 등에서는 0.5~15mm, 기체 속에서는 5~35mm 정도이다. 초음파 센서는 초음파의 발신소자와 수신소자가 동일하고, 센서 재료로는 자기 변형 재료(페라이트 등)나 전압, 전기 변형 재료(로셸염, 티탄산바륨 등)를 이용하고 있다. 초음파 센서의 종류는 많은데, 응용 면에서는 다음과 같이 분류할 수 있다.

① **속도 측정**: 초음파 유속계, 초음파 유량계, 초음파 도플러 혈류계, 초음파 도플러 유속계
② **측정**: 초음파 거리계, 초음파식 근접각 센서, 초음파 레벨 센서, 초음파식 수위계, 초음파식 적설계, 초음파식 파고계 등
③ **농도, 점성도 측정**: 초음파 점성도계, 초음파 탁도계
④ **기타**: 초음파 탐상자, 초음파 두께계, 초음파 현미경, 초음파 진단 장치, 초음파 CT스캐너 등을 이용한 장치에 널리 초음파 센서가 사용되고 있다.

---

26 소나(Sonar): 바닷속의 물체의 탐지나 표정에 사용되는 음향 표정 장치

2) 적외선 센서

적외선은 파장이 가시광보다 길고, 전파보다는 짧은 전자파의 일종이다. 적외선 센서는 광기전력 효과를 이용한 포토 LED와 포토트랜지스터를 통칭하며, 대략 0.78㎛에서 1,000㎛까지의 빛을 감지 또는 검지하는 센서를 말한다. 이것은 일정한 주파수의 빛을 발산만 하는 '발광 센서'와 발광부에서 발산된 빛을 받아들이기만 하는 '수광부 센서'로 이루어져 있는데, 이들 센서는 사용할 때 극성이 존재한다는 것을 특히 주의해야 한다.

적외선 센서는 광도전 효과[27], 광기전력 효과[28] 등을 이용한 적외선 센서로, 다음과 같은 특징이 있다.

① 감도가 높다.
② 응답 속도가 빠르다.
③ 검출 감도에 파장 의존성이 있다.
④ 원적외선 영역에서의 측정에는 액체질소 등의 냉각이 반드시 필요하다.

적외선 센서의 종류에는 '차단형'과 '반사형'이 있다. 이 중에서 차단형은 '발광부'와 '수광부'의 2개의 센서로 이루어졌고, 발광부에서 적외선을 내보내 수광부에서 적외선을 받는데, 그 사이가 차단될 때 동작한다. 그리고 반사형은 발광부에서 적외선을 내보내 물체 등의 재료에 반사되어 나오는 적외선으로 제어한다.

3) 라이다 센서

라이다 센서(LIDAR Sensor)는 레이저를 목표물에 비추어 사물까지의 거리, 방향, 속도, 온도, 물질 분포 및 농도 특성 등을 감지할 수 있는 기술이다. 일반적으로 높은 에너지 밀도와 짧은 주기를 갖는 펄스 신호를 생성할 수 있는 레이저의 장점을 활용하여 더욱 정밀한 대기 중의 물성 관측 및 거리 측정 등에 활용된다.

라이다 센서 기술은 탐조등의 빛의 산란 세기를 통하여 상공에서의 공기밀도 분석 등을 위한 목적으로 1930년대 처음 시도되었지만, 1960년대 레이저의 발명과 함께 비로소 본격적인 개발이 가능했다. 1970년대 이후 레이저 광원 기술의 지속적인 발전과 함께 다양한 분야에 응용 가능한 라이다 센서 기술이 개발되었다.

라이다 센서는 항공기, 위성 등에 탑재되어 정밀한 대기 분석 및 지구환경 관측을 위한

---

[27] 광도전 효과: 빛을 비추었을 때 내부의 전기 전도도가 높아지는 효과
[28] 광기전력 효과: 어떤 종류의 반도체에 빛을 쪼일 때 기전력이 생기는 효과. 이때 생기는 기전력을 '광기전력(光起電力)'이라고 한다.

중요한 관측 기술로 활용되고 있다. 또한 우주선 및 탐사 로봇에 장착되어 사물까지의 거리 측정 등 카메라 기능을 보완하기 위한 수단으로 활용되고 있다.

지상에서는 원거리 측정, 자동차 속도 위반 단속 등을 위한 간단한 형태의 라이다센서 기술이 상용화되어 왔다. 최근에는 3D Reverse Engineering 및 미래 무인자동차를 위한 Laser Scanner, 3D 영상 카메라의 핵심 기술로 활용되면서 활용성과 중요성이 점차 높아지고 있다.

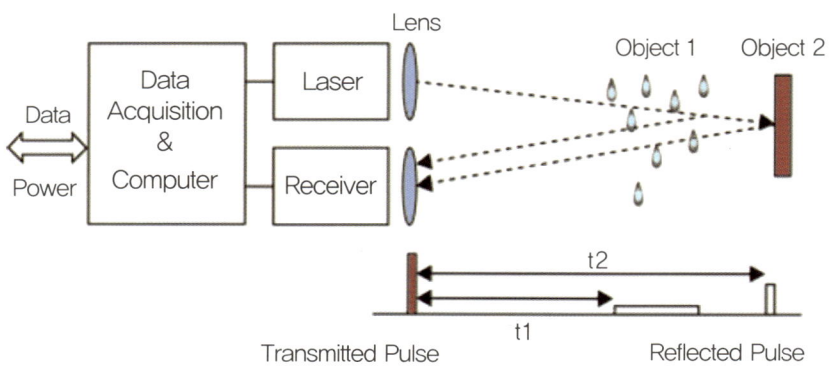

[그림 10-2] 라이다(LIDAR) 시스템의 기본 구성 및 동작 원리

4) 비전 포지셔닝

비전 포지셔닝(Vision Positioning), 즉 비전 센서이며, 기본적으로 비디오카메라를 생각하면 된다. 비전 포지셔닝에서는 비디오를 찍고 이미지를 분석하여 장애물의 유무를 판단하는데, 인텔의 리얼센스, DJI 팬텀 4에 사용되는 장애물 센서가 대표적이다. 실내에서 10m 이하의 고도를 측정하거나 호버링 위치를 잡을 때, 장애물을 측정하여 충돌을 방지할 때 사용된다.

장애물 회피 센서는 아직까지는 고급 드론에만 사용되고 있으며, 여러 대의 카메라로부터 실시간으로 얻어진 이미지를 처리하려면 드론의 CPU 성능도 높아져야 한다. 이미지 패턴을 분석하기 때문에 같은 패턴이 반복되면 호버링 위치를 잡지 못하는 현상이 발생하기도 한다. 장애물 센서의 경우에는 하얀색의 단색으로 된 벽면이나 전깃줄 같이 가는 물체는 인식하지 못할 수도 있다.

최근 DJI는 비전 기능을 응용한 '스파크'라는 제품을 출시했다. 이 제품을 손 위에 올려놓고 전원을 켜면 프로펠러가 돌고 비행 준비를 마친 후 적정 높이로 솟아오른다. 그리고 카메라는 날린 사람의 얼굴을 인식한 후 스파크는 그 사람을 주요 피사체로 지정해서 꾸준히 따라다닌다. 또한 특정 동작 제스처로 조종할 수 있고, 다른 제스처로 사진 촬영 등 드론이 멀어지거나 제 위치로 돌아오며, 손바닥을 내밀었을 때 착륙하는 것도 비전 포지셔닝 센서가 손바닥을 읽어들이고, 착륙 명령으로 연결하기 때문에 가능하다.

[그림 10-3] 스파크 모든 순간 캡처

Chapter 11 매개변수

매개변수는 '파라미터(Parameter)'라고도 부르는데, 변수의 특별한 한 종류로서 프로그래밍 언어로 사용된다. 매개변수는 변수(Variable)로, 전달인자는 값(Value)으로 보며 크게 시스템의 반응을 결정하거나 변경할 때 사용된다. 이번에는 드론을 운용하는 데 필요한 매개변수를 알아본다.

1 Pixhawk2(Mission Planner)

매개변수(Parameter, 모수)는 수학과 통계학에서 어떠한 시스템이나 함수의 특정한 성질을 나타내는 변수를 말한다. 일반적으로는 'θ'라고 표현되며, 다른 표시는 각각 독특한 뜻을 가지고 있다. 함수의 수치를 정해진 변역에서 구하거나 시스템의 반응을 결정할 경우 독립변수는 변하지만 매개변수는 일정하다. 다른 매개변수를 이용해 함수의 다른 수치를 다시 구하거나 시스템의 다른 반응도 볼 수 있다.

가 초기 설정

1) 펌웨어 설치

① 드론의 프레임 유형을 선택하여 펌웨어를 설치한다.

② 픽스호크(Pixhawk)는 오픈 소스로 운용되어 개발자가 주로 사용하는 FC이며, 로버(Rover), 플레인(Plane), 헬리콥터(Heli Copter), 안테나 트래커(Antenna Tracker) 등 다양한 종류에 제어를 지원한다.

③ 정식으로 출시되어 있는 펌웨어 이외에 베타 펌웨어 설치도 가능하다.

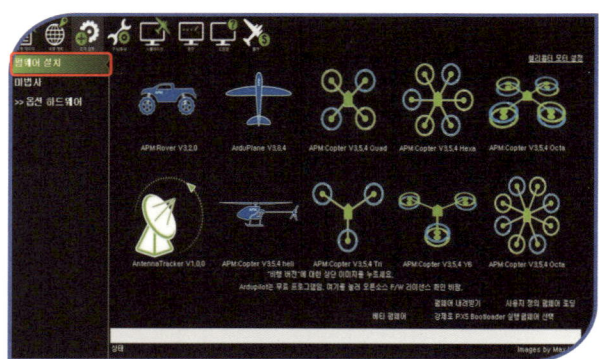

[그림 11-1] 미션플래너 '펌웨어 설치'

2) 프레임 유형

① 필수 하드웨어에 프레임 유형에서부터 매개변수 세팅을 시작한다.

② Class(Quad, Hexa, Octa) 및 Type(X자형, Plus형, YA6, V자형, H자형, Y6B) 드론 프레임의 종류 및 형태를 설정한다.

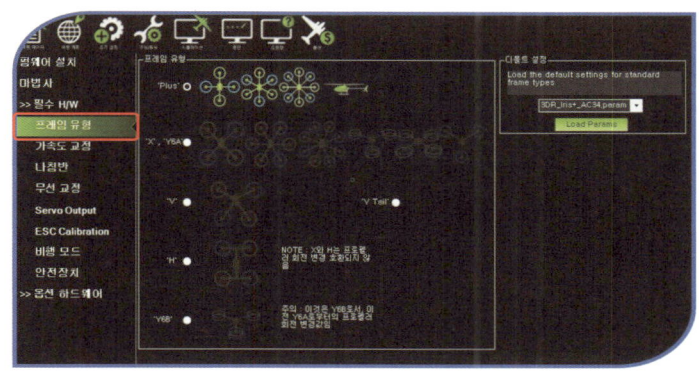

[그림 11-2] 미션플래너의 하드웨어 '프레임 유형'

3) 가속도 교정

① 가속도 보정을 사용하여 3축의 Level, Left, Right, Down, Up, Back 방향에 맞게 설정한다.

② 기체 수평이 좋지 않거나 방향과 관련된 오류가 발생했을 경우 레벨 보정으로 수평을 보정한다.

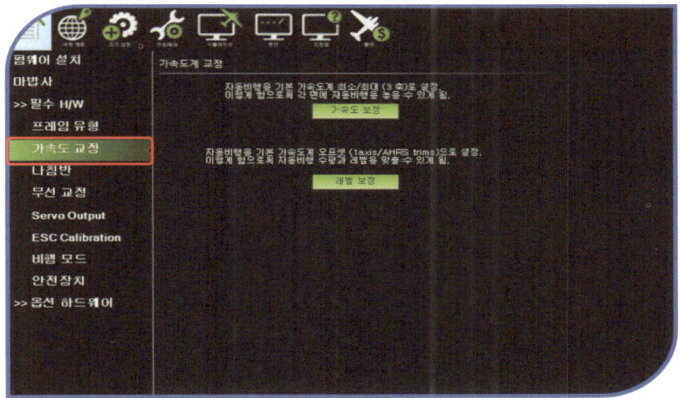

[그림 11-3] 미션플래너의 필수 하드웨어 '가속도 교정'

4) 나침반

① Onboard Mag Calibration 시작 후 기체를 가속도 보정과 같이 해당 방향으로 기울이거나 여러 방향으로 회전시킨다.

② Mag1, Mag2, Mag3가 완료되면 해당 X축, Y축, Z축의 OFFSETS가 설정된다.

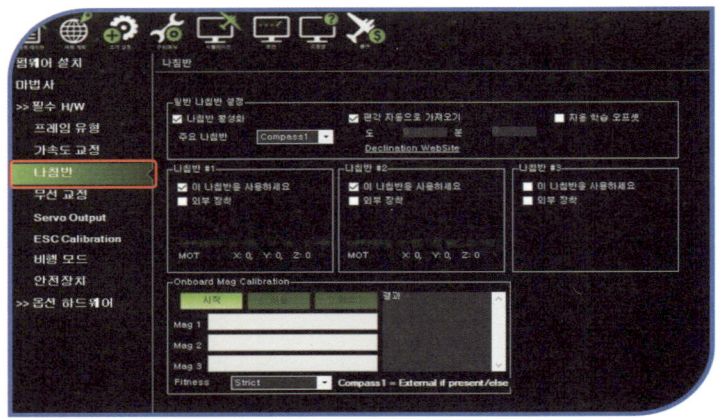

[그림 11-4] 미션플래너의 필수 하드웨어 '나침반'

5) 무선 교정

① 송신기의 스틱 및 스위치 수치 값을 설정한다.

② 무선 보정 시작 후 Throttle, Roll, Pitch, Yaw 및 각종 스위치를 조작하여 Channel: Min/Max 값을 설정한다.

③ Throttle, Roll, Pitch, Yaw 조작 시 반대로 작용하는 경우 송신기에서 Reverse를 설정한다.

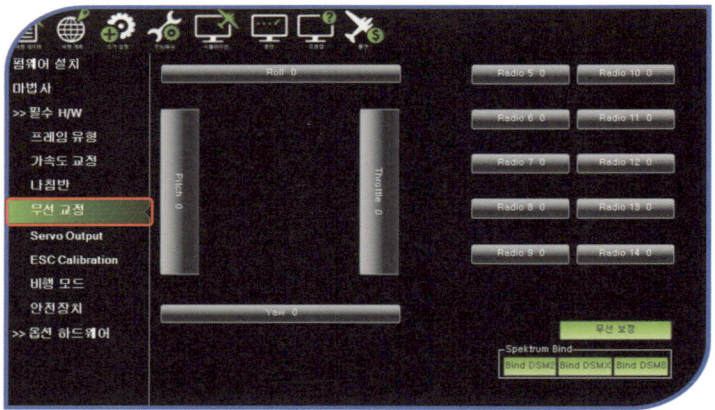

[그림 11-5] 미션플래너의 필수 하드웨어 '무선 교정'

6) Servo Output

① 별도의 조향 및 스로틀을 사용하기 위해 설정한다(Rover, Helicopter).

② Parameter Servo_Function 값을 설정하는 데 사용한다.

③ Min, Max, Trim 값을 설정할 수 있다.

④ 주로 Rover, Helicopter에 사용한다.

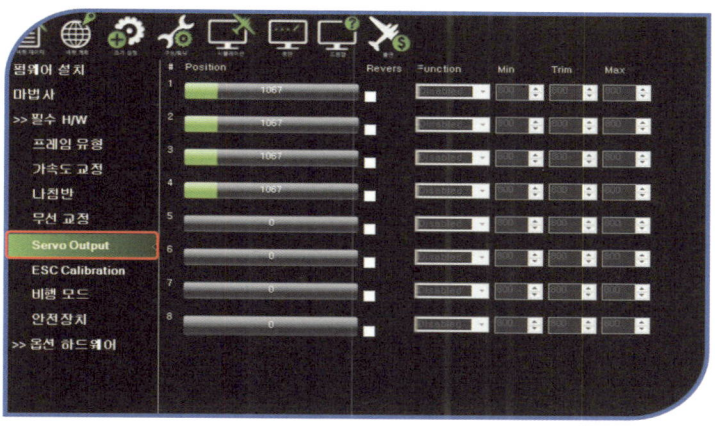

[그림 11-6] 미션플래너의 필수 하드웨어 'Servo Output'

7) ESC Calibration

① 무선 교정 후에 진행해야 한다.

② Normal, OneShot, Oneshot125, Brushed 등 ESC 타입을 선택한다.

③ Output PWM Min, Max 값을 설정한다. (기본 Min: 1000, Max: 2000으로 설정한다.)

④ Spin when Armed: Throttle이 Zero일 때 모터 속도를 설정한다. (Spin Min보다 낮아야 한다.)

⑤ Spin Min-Max 비행 중 최소 속도와 최고 속도를 설정한다. (Min 값은 Spin Armed 값보다 높아야 한다.)

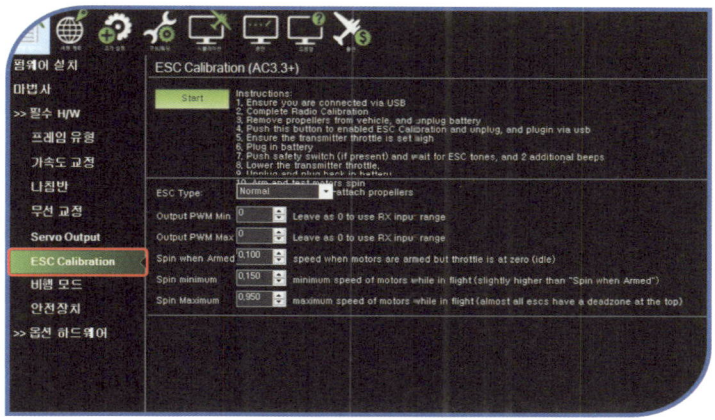

[그림 11-7] 미션플래너의 필수 하드웨어 'ESC Calibration'

8) 비행 모드

① 각종 비행 설정이 가능하며, 기본적으로 Ch5가 설정된 스위치에 사용한다.

② 해당 스위치는 송신기에서 변경할 수 있다.

③ 기본 PWM 수치로 비행 모드 1번, 4번, 6번을 3단 스위치를 이용해 세 가지 비행 모드를 설정한다.

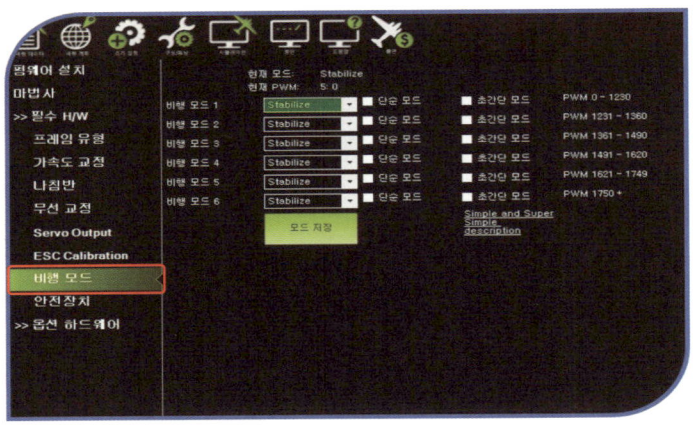

[그림 11-8] 미션플래너의 필수 하드웨어 '비행 모드'

9) 안전 장치

① 배터리: 설정된 배터리 부족 수치와 측정 배터리 수치가 같아지면 Fail Safe가 실행된다.

② 무선신호: FS PWM에 설정한 Throttle 이하가 되면 Fail Safe가 실행된다. (주 원인은 Nocon이다.)

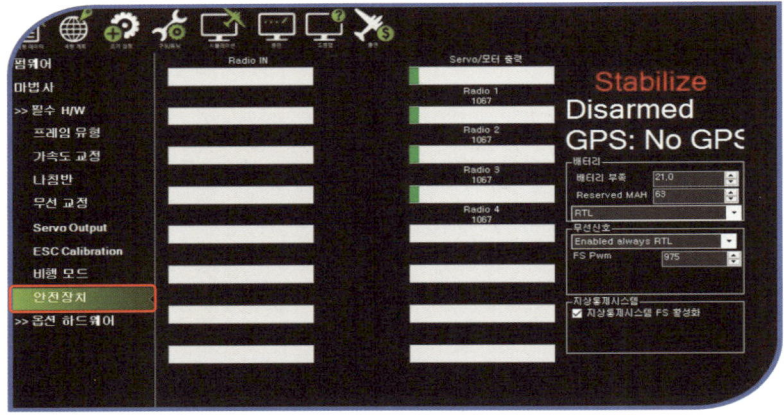

[그림 11-9] 미션플래너의 필수 하드웨어 '안전 장치'

10) 배터리 알림 창

① 사용하고 있는 배터리의 용량을 측정하기 위해서 사용한다.

② 측정 종류 및 센서와 버전을 맞게 설정해야 한다.

③ 측정된 수치는 오차가 발생하며, 오차를 줄이기 위해 측정 장치를 따로 연결하기도 한다.

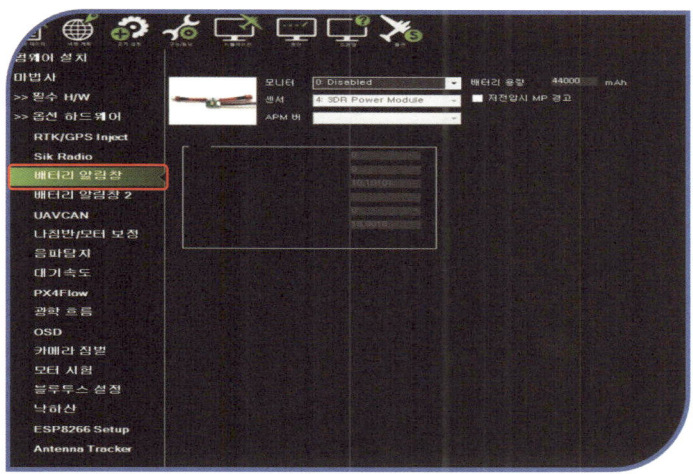

[그림 11-10] 미션플래너의 옵션 하드웨어 '배터리 알림 창'

11) RTK/GPS Inject

① Base 및 Rover(RTK 전용 GPS), 안테나를 따로 사용한다.

② 비행 전 장치를 이용해 위치값을 지정하고, 비행 중에도 지속적인 통신으로 위치를 보정한다.

③ Home, 위치, 고도 사항을 정밀하게 이용할 때 사용하고, 해당 오차는 센티미터이다.

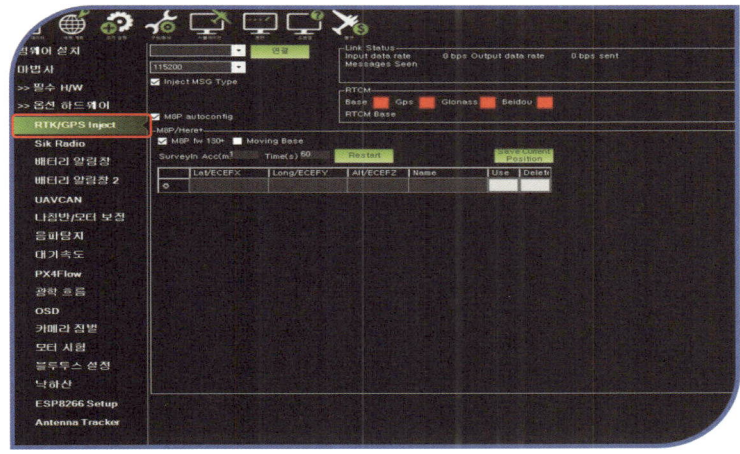

[그림 11-11] 미션플래너의 옵션 하드웨어 'RTK/GPS Inject'

나 구성 및 튜닝

1) 가상 울타리

① 범위 지정 사항에 적용되면 발동하는 Fail Safe이다.

② 활성화 유무를 설정하며 유형, 최대 고도, 최대 반지름으로 범위를 설정한다.

③ 실행으로 진행될 비행 모드를 설정하며, 주로 RTL을 사용한다.

④ RTL 고도: 홈(Home)으로 돌아올 때 상승하는 고도이다.

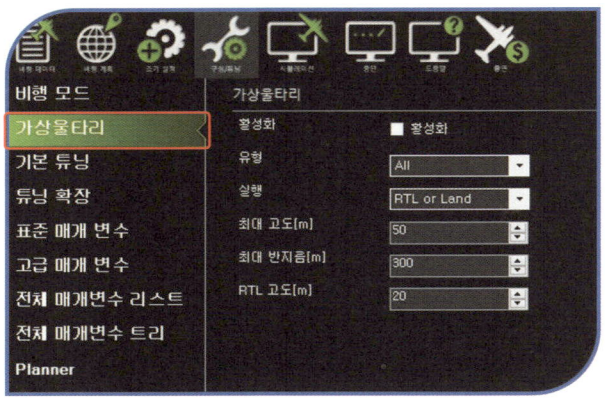

[그림 11-12] 미션플래너의 구성/튜닝 '가상 울타리'

2) 기본 튜닝

① **RC Feel Roll/Pitch**: Roll, Pitch를 조작할 때 감도를 설정한다.

② **Roll/Pitch Sensitivity**: Roll, Pitch를 조작할 때 반응 속도를 설정한다.

③ **Climb Sensitivity**: 수직 이륙, 착륙에 대한 감도 및 반응 속도를 설정한다.

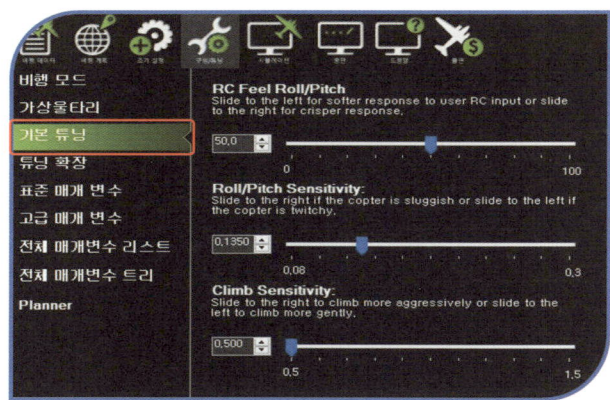

[그림 11-13] 미션플래너의 구성/튜닝 '기본 튜닝'

3) 튜닝 확장

① Roll, Pitch, Yaw에 관련된 P, I, D, IMAX, FF 수치를 수정하여 견고한 비행 기체를 Setting한다. (주로 Auto Tune을 사용한다.)

② GPS Mode Loiter 비행 및 자동 비행 관련 사항을 수정할 수 있다.

③ Ch6, Ch7, Ch8 Opt 사항을 설정하여 사용할 수 있다.

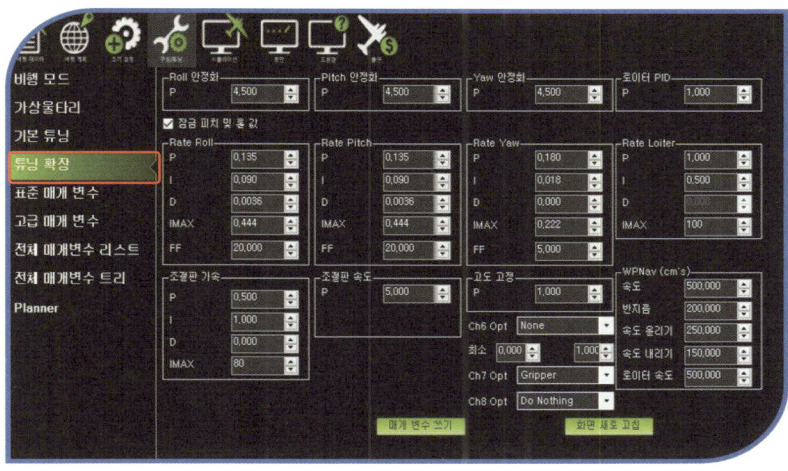

[그림 11-14] 미션플래너의 구성/튜닝 '튜닝 확장'

다 매개변수

① **RTL_ALT**: RTL Altitude – Home으로 돌아가기 전에 모델이 이동할 최소 상대 고도이다. 현재 고도에서 돌아가려면 0으로 설정한다.

② **RTL_SPEED**: RTL Speed – 항공기가 Home으로 비행하는 동안 수평 유지를 시도할 속도를 cm/s 단위로 정의한다. 이 값을 0으로 설정하면 WPNAV_SPEED가 사용된다.

③ **RTL_LOIT_TIME**: RTL Loiter Time – RTL 후, 하강을 시작하기 전에 Loiter 시간을 설정한다.

④ **RTL_ALT_FINAL**: RTL Final Altitude – 이륙 지점으로 돌아가서나 임무를 완수한 마지막 단계로 이동할 고도를 설정한다.

⑤ **LAND_SPEED**: Land Speed – 착륙 마지막 단계의 강하 속도를 설정한다.

⑥ **WP_YAW_BEHAVIOR**: Yaw Behavior During Missions – 미션과 RTL 중에 기체의 방향을 설정하거나 Yaw를 고정한다.

⑦ **ESC_CALIBRATION**: ESC Calibration – ESC 보정을 어떻게 입력할지 설정한다.

⑧ **FS_BATT_ENABLE**: Battery Failsafe Enable – 배터리 전압 또는 전류가 낮을 때 안전 장치를 작동시킬지의 여부를 제어한다.

⑨ **FS_BATT_VOLTAGE**: Failsafe Battery Voltage – 배터리 전압으로 안전 장치가 작동한다. 배터리 전압 오류 방지를 비활성화하려면 0으로 설정하고, 배터리 전압이 설정 전압의 아래로 떨어지면 헬리콥터가 RTL한다.

⑩ **FS_GCS_ENABLE**: Ground Station Fail Safe Enable – 지상국과의 연결이 5초 이상 손실될 경우 안전 장치를 작동시킬지의 여부 및 취할 조치를 제어한다.

⑪ **DISARM_DELAY**: Disarm Delay - 자동 해제 전의 지연시간(초) 값 0은 자동 해제를 비활성화한다.

⑫ **ANGLE_MAX**: Angle_Max - 모든 비행 모드에서의 최대 경사 각도를 설정한다.

⑬ **AUTOTUNE_AXES**: Autotune Axis Bitmask - PID 자동 튜닝할 축을 설정할 수 있다.

⑭ **ARMING_CHECK**: Arm Checks to Peform (Bitmask) - Arming을 허용하기 전에 점검할 비트마스크로서 기본적으로 All로 적용되어 있다. (특정 사항에 의해 변경은 가능하지만 All로 사용하기를 권장한다.)

⑮ **NTF_LED_BRIGHT**: LED Brightness - RGB LED 밝기 레벨을 선택한다. USB가 연결될 때 밝기는 설정과 관계없다.

⑯ **NTF_BUZZ_ENABLE**: LED Enable - 부저 활성화 또는 비활성화를 설정한다.

⑰ **WPNAV_SPEED**: Waypoint Horizontal Speed Target - WP 임무 중 수평 유지를 시도할 속도를 정의한다.

⑱ **WPNAV_RADIUS**: Waypoint Radius - WP 포인트와의 거리를 정의한다. 교차점이 되면 WP가 맞았음을 나타낸다.

⑲ **WPNAV_SPEED_UP**: Waypoint Climb Speed Target - WP 임무 중 이륙하는 동안 유지하려고 시도하는 속도를 정의한다.

⑳ **WPNAV_SPEE_DN**: Waypoint Descent Speed Target - WP 임무 중 하강하는 동안 유지하려고 시도하는 속도를 정의한다.

㉑ **WPNAV_LOIT_SPEED**: Loiter Horizontal Maximum Speed - 저속 모드에서 항공기가 수평으로 이동할 최대 속도를 정의한다.

㉒ **WPNAV_ACCEL**: Waypoint Acceleration - 임무 중에 사용되는 수평 가속도를 정의한다.

㉓ **WPNAV_ACCEL_Z**: Waypoint Vertical Acceleration - 임무 중 수직 가속도를 정의한다.

㉔ **WPNAV_LOIT_JERK**: Loiter Maximum Jerk - 가속도의 최대 변화 수치에 따른 반응 속도를 정의한다.

㉕ **WPNAV_LOIT_MAXA**: Loiter Maximum Acceleration - 최대 가속도 변화 수치에 따른 가속도와 정지에 대해 정의한다.

㉖ **WPNAV_LOIT_MINA**: Loiter Minimum Acceleration - 최소 가속도 변화 스틱이 중앙에 있을 때 더 빨리 멈추지만 정지 후 날카로운 움직임이 발생할 수 있다.

2 DJI A3 - A3 Pro

가 초기 설정

1) 대시보드(Dashboard)

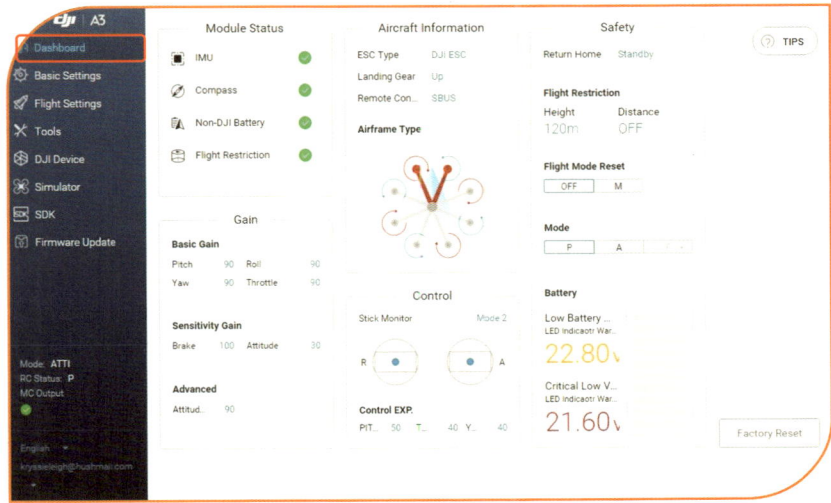

[그림 11-15] Assistant 2 - 'Dashboard'

Module Status, Gain, Aircraft Information, Control, Safety, Battery에 관한 현재 센서의 상태 및 FC에 설정된 값을 확인한다.

2) Basic Settings - Airframe

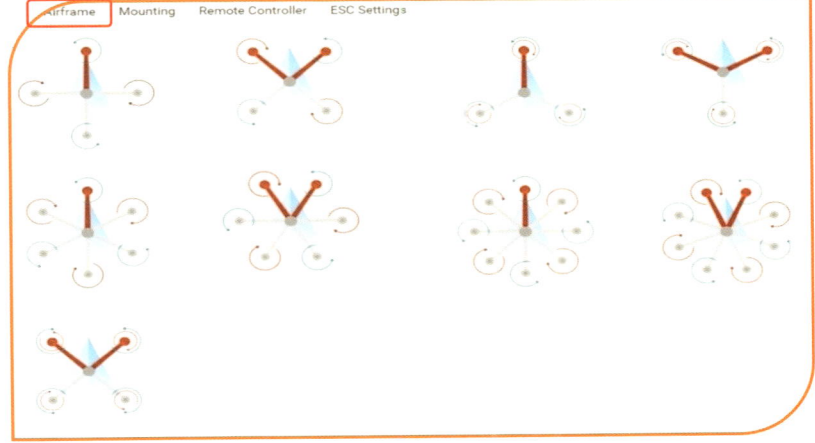

[그림 11-16] Assistant 2 Basic Settings - 'Airframe'

Chapter 11 매개변수 | 123

① 프레임 설정부터 Parameter 설정을 시작한다.

② Quad, Hexa, Octa 및 Type(X자형, Plus형) 드론 프레임의 종류 및 형태를 설정한다.

3) Basic Settings—Mounting

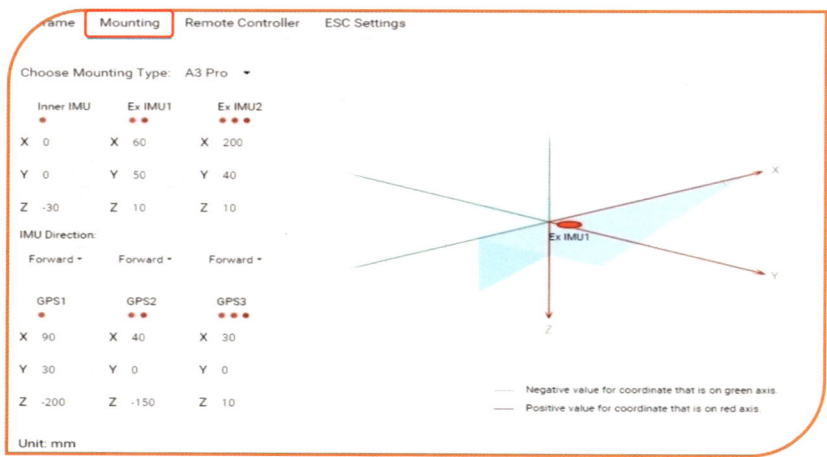

[그림 11-17] Assistant 2 Basic Settings—'Mounting'

① **Choose Mounting Type**: A3, A3 Pro 중에서 선택한다.
② **Inner IMU**: 무게 중심에서 IMU와의 거리를 X축, Y축, Z축에 설정한다. (A3 Pro 설정 시 Ex IMU1, Ex IMU2가 활성화되고, 무게 중심으로부터 IMU와의 거리를 X축, Y축, Z축에 설정한다.)
③ **IMU Direction**: IMU 진행 방향을 설정한다.
④ **GPS1**: 무게 중심으로부터의 GPS와의 거리를 X축, Y축, Z축에 설정한다. (A3 Pro 설정 시 GPS2, GPS3가 활성화되며 무게 중심으로부터 GPS와의 거리를 X축, Y축, Z축에 설정한다.
⑤ 거리의 단위는 밀리미터(mm)로 설정한다.

4) Basic Settings-Remote Controller

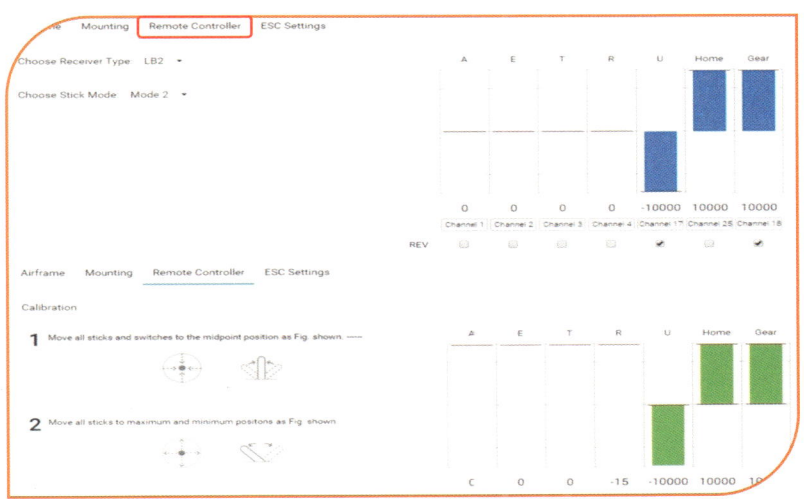

[그림 11-18] Assistant 2 Basic Settings-'Remote Controller'

① **Choose Receiver Type**: SBUS, DBUS, LB2(LightBridge2) 수신기 종류를 선택한다.

② **Choose Stick Mode**: Mode1, Mode2, Mode3, Mode4 송신기 모드를 설정한다.

③ **Calibration**

  ㉠ 스틱의 중심점을 설정한다.

  ㉡ 스틱의 최솟값 및 최댓값을 설정한다.

5) Basic Settings-ESC Settings

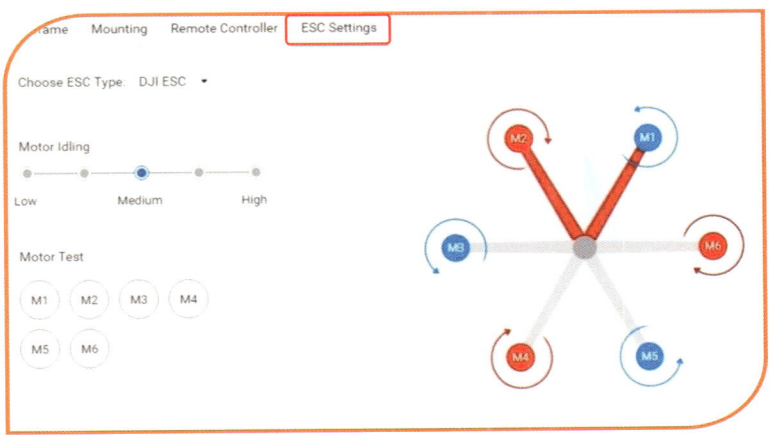

[그림 11-19] Assistant 2 Basic Settings-'ESC Settings'

① **Choose ESC Type**: DJI ESC, Other ESC 기체에 사용되는 ESC의 종류를 설정한다.
(Other ESC 설정 시 ESC Calibration 옵션이 활성화된다.)

② **Motor Idling**: Low, Medium, High Motor 공회전 사항을 설정한다.

③ **Motor Test**: Motor 회전 방향을 확인한다.

6) Flight Settings

① **Control Exp**: 비행 모드 P(Position), A(Attitude), F(Function)에 관한 Pitch, Roll, Yaw, Throttle의 감도 및 반응 속도 매개변수 값을 설정한다.

② **F**: IOC 기능 활성화 – Home Lock, Course Lock

③ **Gain**: Pitch, Roll, Yaw, Throttle 각기 감도 및 반응 속도 매개변수 값을 설정한다.

[그림 11-20] Assistant 2 Flight Settings – 'Control Exp, Gain'

7) Flight Settings – Failsafe Settings

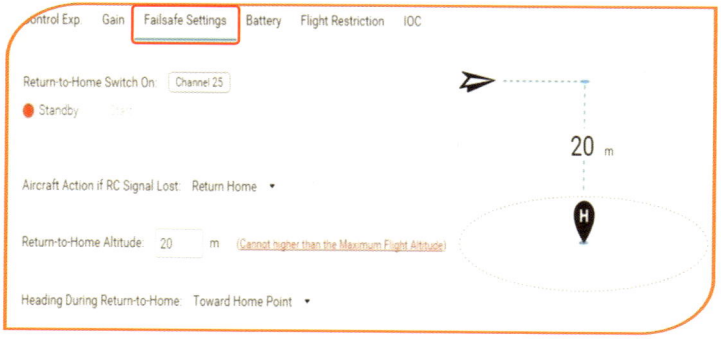

[그림 11-21] Assistant 2 Flight Settings – 'Failsafe Settings'

① **Return to Home Switch On**: 해당 스위치 및 사용 여부를 설정한다.

② **Aircraft Action if RC Signal Lost**: 수신이 끊어질 경우 Hover, Landing, Return Home에 관한 비행 모드를 설정한다.

③ **Return to Home Altitude**: 현재 위치에서 홈으로 돌아가기 전에 고도를 설정한다.

④ **Heading During Return to Home**: 홈으로 이동 중 Heading 방향을 설정한다.

8) Flight Settings—Battery

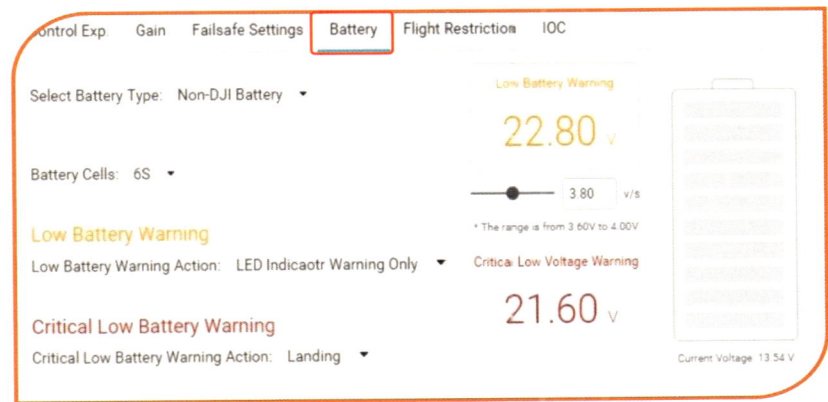

[그림 11-22] Assistant 2 Flight Settings—'Battery'

① **Select Battery Type**: 배터리의 종류를 설정한다.

② **Battery Cells**: 셀의 종류를 설정한다(3S~12S).

③ **Low Battery Warning**: Low Battery 1차 경고 후 다음 진행을 설정한다.

④ **Critical Low Battery Warning**: Low Battery 2차 후 다음 진행을 설정한다.

9) Flight Settings—Flight Restriction

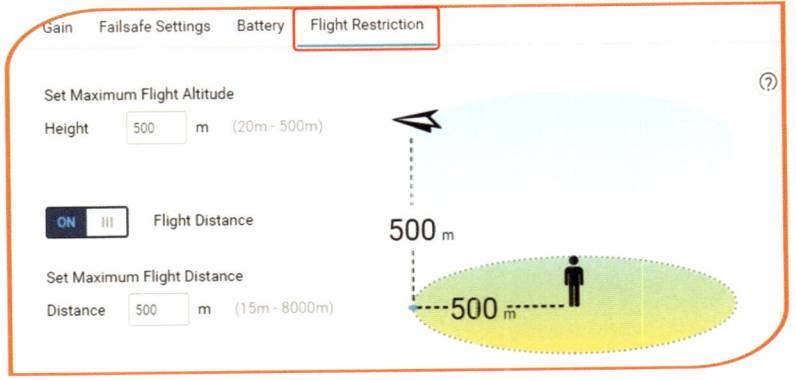

[그림 11-23] Assistant 2 Flight Settings—'Flight Registration'

① Set Maximum Flight Altitude: 비행 고도 제한을 설정한다.

② Flight Distance: 거리 제한 사용 여부를 설정한다.

③ Set Maximum Flight Pistance: 비행 거리 제한을 설정한다.

10) Flight Settings – IOC

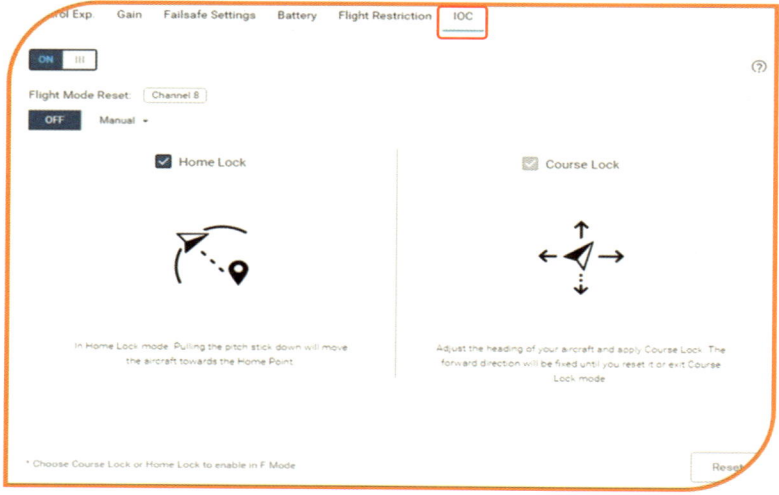

[그림 11-24] Assistant 2 Flight Settings – 'IOC'

① Flight Mode Reset: 해당 스위치 및 채널을 설정한다.

② Home Lock: 홈 잠금 모드에서 피치 스틱을 아래로 당기면, 항공기가 원점을 향해 움직인다.

③ Course Lock: 항공기의 방향을 조정하고 코스 잠금을 적용하면, 방향을 재설정하거나 코스 잠금 모드를 종료할 때까지 정방향이 고정된다.

나 매개변수 SDK

1) Onboard SDK

Products and Accessories			
Category	Product	Cameras	SDK Supported Accessories
	Matrice 100	X3, X5, X5R, XT, Z3, Z30	N1 Video Encoder
	Matrice 210	X4S, X5S, XT, Z30	Upward gimbal, Third-party sensors
Aircraft	Matrice 210 RTK	X4S, X5S, XT, Z30	Upward gimbal, Third-party sensors
	Matrice 600	X3, X5, X5R, XT, Z3, Z30	DRTK, Ronin MX
	Matrice 600 Pro	X3, X5, X5R, XT, Z3, Z30	DRTK, Ronin MX
	N3	X3, X5, X5R, XT, Z3, Z30	Lightbridge 2, Ronin MX
Flight Controllers	A3	X3, X5, X5R, XT, Z3, Z30	Lightbridge 2, DRTK, Ronin MX
	A3 Pro	X3, X5, X5R, XT, Z3, Z30	Lightbridge 2, DRTK, Ronin MX

[그림 11-25] DJI Onboard SDK (출처: https://developer.dji.com/)

DJI Onboard SDK는 컴퓨터가 직렬 인터페이스를 통해 선택된 DJI 드론 및 비행 컨트롤러와 직접 통신할 수 있게 해주는 오픈 소스 소프트웨어 라이브러리이다. SDK는 드론 원격 측정, 비행 제어 및 기타 드론 기능에 대한 액세스를 제공한다. 그러므로 개발자가 SDK를 사용하여 자체 컴퓨팅 장치를 드론에 장착하고 비행을 제어하는 데 사용할 수 있다.

2) Mobile SDK와 비교

Comparison of Onboard and Mobile SDKs		
Category	Onboard SDK	Mobile SDK
Platform	Linux, STM32	Android, iOS
Language Support	C++	Java, Objective C, Swift
DJI Product Support	M100, M600, M210, M210-RTK, A3, N3 Note: M200 is not supported	Phantom Series, Inspire Series, Osmo Series, Mavic Pro, Matrice Series, A3, N3
Connection to Aircraft	Wired Serial	Wireless Mobile Device — USB — Remote Controller — Wireless — Aircraft
Flight Control - Low Level	200 Hz	10 Hz
Flight Control - Missions	Waypoint, Hotpoint	Waypoint, Hotpoint, Follow Me, ActiveTrack, TapFly, Timeline
Telemetry Updates	200 Hz	10 Hz
Remote Controller Needed	No	Yes
Gimbal Control	Yes	Yes
Camera Control	Limited Shoot Photo, Start/Stop Video	Full Shoot Photo, Start/Stop Video, Exposure Control, Camera Settings, Playback, Media
Other features Obstacle Avoidance, GEO	Limited	Full

[그림 11-26] DJI Mobile SDK (출처: https://developer.dji.com/)

DJI는 모바일 SDK와 온보드(Onboard) SDK를 제공한다. 두 SDK 모두 응용 프로그램이 DJI 드론을 제어할 수 있지만, 다른 컴퓨팅 플랫폼 및 응용 프로그램에 최적화되어 있다. 모바일SDK는 원격 컨트롤러를 통해 항공기에 무선으로 연결되는 안드로이드(Android) 및 IOS와 같은 모바일용으로 설계되었다. 온보드 SDK는 리눅스(Linux) 컴퓨터 및 STM32용으로 설계되었으며, 직렬 인터페이스를 통해 비행 컨트롤러에 직접 연결된다. 모바일 SDK는 지상 기반 응용 프로그램용이며, 항공기 기반 응용 프로그램용 온보드 SDK이기 때문에 두 SDK를 동시에 솔루션에 사용할 수 있다. 2개의 SDK 모두 항공기의 무선 링크를 통한 통신을 가능하게 하는 API가 있어서 모바일 및 내장 컴퓨터 간에 데이터를 보낼 수 있다.

3) 기타 사항

모바일 SDK 및 온보드 SDK는 DJI 개발자 사이트에서 등록 후 사용할 수 있다. 오픈 소스(Open Source) Pixhawk2와는 다르게 DJI FC는 초기 설정을 제외한 다른 세부적인 매개변수를 지원하지 않는다.

Chapter 12 드론 통신

> 드론 통신은 거리가 떨어진 상태에서 수단이나 매체를 통해서 정보를 교환하는 통신을 의미한다. 드론의 통신방식으로 블루투스, 와이파이(Wi-Fi), 위성통신, 셀룰러 시스템 등을 설명하면서 현재 많이 사용되고 있는 LTE통신의 비행거리와 실시간 영상 스트리밍, 고용량 데이터 송·수신에 대한 사항을 확인하고, 차세대 5G 이동통신의 활용성과 진행 상태를 알아본다.

1 통신, 주파수, 채널, 드론 통신의 개요

가 통신

통신이란, 거리가 떨어진 상태에서 수단이나 매체를 통해서 정보를 교환하는 것을 의미한다. 통신의 방법은 전기의 개발 전과 후에 많은 차이가 있다. 즉 개발 전에는 파발[29], 봉화, 북소리 등으로 제한적이나마 의사소통을 할 수 있었고, 개발 이후에는 전화, 텔렉스(Telex)[30] 등의 유선 통신을 이용했다. 그러다가 이제는 무선을 이용한 무선전화, 이동체 통신, 위성통신 등의 방법을 통해 자신이 가지고 있는 정보를 상대방에게 전달하게 되었다. 또한 통신의 초기에는 음성 위주의 정보였지만, 이제는 데이터 정보(글, 소리, 화상 등)가 추가되면서 대용량의 전송이 필요하게 되어 전송을 위한 매체나 교환장치, 단말장치 등이 획기적으로 개선되고 있으며, 새로운 개념의 통신 방식이 속속 등장하고 있다.

나 주파수

전파는 무선 통신에 없어서는 안 될 매우 중요한 매개체이다. 전파를 이용하는 무선 통신은 하나의 공간을 공동으로 이용하므로 동일한 주파수의 전파를 동시에 동일 장소에서 사용할 수 없다. 즉 어떤 사람이 일정 주파수의 전파를 발사하는 도중에 다른 사람이 동일 전파를 발사하면, 혼선으로 인해 통신이 되지 않는다. 따라서 전파는 일정한 규칙에 의해 질서를 유지하면서

---

[29] 파발(擺撥): 조선 전기 이후 변경(邊境)의 군사정세를 중앙에 신속히 전달하고, 중앙의 시달 사항을 변경에 전달하기 위해 설치한 특수 통신망
[30] 텔렉스(Telex): 가입자 상호간에 직접적으로 비동기식 인쇄전신기를 사용하여 대화식 통신을 행하는 전신 서비스이다.

이용해야 하는 제약이 있어서 전파는 무한한 것이 아니라 유한한 자원으로 볼 수 있다. 이러한 유한한 자원을 효율적으로 이용하기 위해 각국은 무선 통신 사업자에게 일정 기준의 주파수를 할당하여 사용하도록 하고 있다. 또한 전파의 전달에는 국경이 없으므로 인접 국가와의 혼선문제가 발생하게 된다. 이러한 문제를 방지하기 위해 국가 간에 정해진 규칙에 따라 전파를 관리 및 활용하는데, 전문기관인 ITU(국제전기통신연합)에서 관리한다.

다 채널

주파수 대역은 채널로 구분하는데, 이것은 사용상에 혼선을 예방하기 위해 사용할 수 있는 주파수를 규정한 것을 의미한다. 예로써 디지털휴대폰을 운용하기 위해 정부로부터 10MHz의 주파수 대역을 할당받아 서비스를 운용하는 사업자라면, 원칙적으로 주파수 대역을 전부 사용하여 서비스할 수 있다. 하지만 혼선을 피하려고 일정 거리를 둔 특정 주파수만 사용하게 되는데, 이것을 '채널'이라고 한다. 전파, 주파수, 채널의 관계는 황무지에 고속도로를 개설하고, 도로에 차선을 긋는 것으로 비교할 수 있다. 이때 황무지 = 전파, 고속도로 = 주파수, 차선 = 채널로 비유할 수 있다.

[그림 12-1] 전파, 주파수, 채널의 관계

라 드론 통신

드론의 통신 방식으로는 블루투스, 와이파이(Wi-Fi), 위성통신, 셀룰러시스템 등이 사용되었고, 대부분의 드론은 저전력 통신을 제공하는 블루투스를 사용했다. 와이파이와 위성통신, 셀룰러시스템은 장점보다는 문제점이 많아 사용에 제약이 많았기 때문에 최근 들어 5G 이동

통신이 부각되고 있다. LTE통신은 비행거리가 늘어나고 실시간 영상 스트리밍과 고용량 데이터 송·수신이 가능하지만, 규제가 많아 법안을 개정하야 상용화를 할 수 있다. 반면 5G 이동통신은 빠른 통신과 주변의 여러 사물과의 실시간 통신이 가능하지만, 아직 5G 이동통신 표준이 확정되지 않아 상용화에 상당한 시일이 소요될 전망이다.

2 통신 주파수와 드론 통신

가 RC 통신 주파수

1) 주파수의 종류

(1) AM(Amplitude Modulation)

1980년대에 국내에 처음 RC 시장이 개척될 때 AM 방식의 27MHz 주파수 대역이 사용 승인을 받았다. AM 방식의 저주파는 원거리까지 사용할 수 있으며, 중간에 장애물이 가로막혀 있어도 어느 정도 괜찮다는 장점이 있다. 그러나 장애물이 전혀 없어도 전체적으로 깨끗하게 송·수신이 되지 않고 해상도(Resolution)가 좋지 않다.

(2) FM(Frequency Modulation)

1990년대에서부터 40MHz 주파수가 사용되었고, FM 방식 덕분에 노이즈에 강해 해상도가 개선되었다. 그리고 통상 도달 거리는 1.6~2km 정도의 송·수신 범위를 가지고 있지만, 40MHz 대역이 포화상태로 FM 72MHz 방식이 출현하게 되었다. 한편 사용할 수 있는 대역이 40MHz 대역에서 15개, 72MHz 대역에서 19개로 총 34개로 제한되는데, 이것은 같은 장소에서 동시에 34명 이상은 사용할 수 없다는 것을 의미한다. 만약 사용자 간에 주파수가 겹치면 둘 다 조종되지 않거나 출력이 더 우수한 조종기를 사용하는 사람만 살아남는 노콘(No Control) 현상을 초래한다.

(3) ISM(Industrial Scientific Medical)

ISM은 2008년부터 세계 각국의 RC 회사들이 새로운 방식을 개발하기 시작하여 2009년부터 본격적으로 상용화된 2.4GHz 채널 방식으로 사용하는 주파수 대역이다. 이 방식은 최근 대부분 사용하는 주파수로서 다른 주파수는 특정 주파수를 고정해서 사용하고 있지만, 2.4GHz는 고정된 주파수를 사용하지 않고, 사용하지 않는 채널을 찾아서 사용한다. 이전 방식은 송신기 및 수신기 안테나 길이가 1m로 길었지만, 2.4GHz에서는 안테나가 대폭

짧아졌다. 현재 Futaba의 FASST, Hitec의 AFHSS, Spectrum ASSAN 등 많은 종류의 방식이 존재하는데, 작동 원리는 조금씩 다르지만 기본적인 원리는 동일하다.

2) RC 수신 프로토콜

(1) PWM(Pulse Width Modulation)

가장 보편적이며 기본적인 무선 제어 프로토콜로서 RC 고정 날개 평면만 있는 수신기에서 Servo 또는 ESC를 표준 PWM 신호(각 Servo의 한 채널)로 직접 제어하는 데 사용된다. PWM은 펄스 폭 변조이며, 펄스의 길이가 Servo 출력 또는 Throttle 위치를 지정하는 아날로그 신호이다. 신호 펄스의 길이는 일반적으로 100~2,000μs(마이크로초) 사이에서 변화하며, 최소 1,000μs 및 최대 2,000μs이다.

(2) PPM(Pulse Position Modulation)

PPM은 'CPPM' 또는 'PPMSUM'이라고도 한다. PPM의 장점은 여러 개의 개별 와이어 대신 여러 채널(일반적으로 최대 8개 채널)에 하나의 신호 와이어만 필요하다. 기본적으로 일련의 PWM 신호가 동일한 와이어에서 하나씩 전송되는 PPM 신호이지만, 신호는 다르게 변조되며, PPM은 시간 영역에서 아날로그 신호라고 한다. 채널은 하나씩 전송되지만 동시에는 전송되지 않으며, 직렬통신만큼 정확하지 않다.

(3) PCM(Pulse Code Modulation)

PCM은 펄스 코드 변조를 나타내며 PPM과 비슷한 데이터 유형이다. 그러나 PCM 신호는 디지털 신호(1과 0 사용)이고, PPM 신호는 신호가 켜져 있는 시간인 아날로그 신호이다. PCM은 오류 수정에서도 신호 오류 감지의 가능성이 있지만, 구입하는 제품에 따라 다르다. PCM은 더 안정적이며 간섭에 덜 민감하지만, 추가적인 변환 장비가 필요하다.

(4) S-Bus(Serial Bus)

S-Bus는 이름에서 알 수 있듯이 직렬 통신 프로토콜이며, Futaba에서 소개되었지만, 일반적으로 많은 FrSky 제품에서도 사용된다. S-Bus의 주요 장점은 디지털 신호일 뿐만 아니라 단 하나의 신호 케이블을 사용하여 최대 18개의 채널을 지원할 수 있다는 점이다. 엄밀히 말해서 PWM과 PPM은 아날로그 신호이고, S-Bus는 디지털 신호이기 때문에 S-Bus가 상대적으로 잡음과 간섭에 강하다. Flysky-IBus, JR-XBus, Graupner-SUMD SUMH, Multiwii-MSP 등 작동 방식은 조금씩 다르지만, 기본적인 원리는 동일하다.

나 드론 통신의 종류

1) 블루투스(Bluetooth)

[그림 12-2] Bluetooth Technology

블루투스의 무선 시스템은 ISM(Industrial Scientific and Medical) 주파수 대역인 2,400~2,483.5MHz를 사용한다. 이 중 위·아래 주파수를 쓰는 다른 시스템의 간섭을 막기 위해 2,400MHz 이후 2MHz, 2,483.5MHz 이전 3.5MHz까지의 범위를 제외한 2,402~2,480MHz, 총 79개 채널을 쓴다.

ISM이란, 산업용, 과학용, 의료용으로 할당된 주파수 대역으로, 전파 사용에 대해 허가를 받을 필요가 없어 저전력의 전파를 발산하는 개인 무선기기에 많이 쓰인다. 아마추어 무선, 무선 랜, 블루투스가 ISM 대역을 사용한다.

여러 시스템과 같은 주파수 대역을 이용하기 때문에 시스템 간 전파 간섭이 생길 우려가 있는데, 이를 예방하기 위해 블루투스는 주파수 호핑(Frequency Hopping) 방식을 취한다. 주파수 호핑이란, 많은 수의 채널을 특정 패턴에 따라 빠르게 이동하면서 패킷(데이터)을 조금씩 전송하는 기법이다. 블루투스는 할당된 79개 채널을 1초당 1,600번 호핑한다. 이 호핑 패턴이 블루투스 기기 간에 동기화되어야 통신이 이루어진다. 블루투스는 기기 간 마스터(Master)와 슬레이브(Slave) 구성으로 연결되는데, 마스터 기기가 생성하는 주파수 호핑에 슬레이브 기기를 동기화시키지 못하면, 두 기기 간 통신이 이루어지지 않는다. 이 때문에 다른 시스템의 전파 간섭을 피해 안정적으로 연결될 수 있게 된다. 참고로 하나의 마스터 기기에는 최대 7대의 슬레이브 기기를 연결할 수 있으며, 마스터 기기와 슬레이브 기기 간 통신만 가능할 뿐 슬레이브 기기 간의 통신은 불가능하다. 그러나 마스터와 슬레이브의 역할은 고정된 것이 아니기 때문에 상황에 따라 서로 역할을 바꿀 수 있다.

2) 와이파이(Wi-Fi)

[그림 12-3] 와이파이

와이파이(Wi-Fi)란, HI-FI(High Fidelity)[31]에 무선 기술을 접목한 것으로, 근거리 컴퓨터 네트워크 방식인 랜(LAN; Local Area Network)을 무선화한 것이다. 랜을 무선화하려고 한 초기에는 각 기기 제조사마다 각기 다른 무선 랜 규격을 사용하여 호환성이 없었지만, 이후 미국의 IEEE(Institute of Electrical and Electronics Engineers)[32]에서 무선 랜 표준인 IEEE 802.11을 제정했다. 현재 대부분의 무선 랜 기기들이 와이파이 규격을 준수하고 있으므로 '와이파이 = 무선 랜'으로 인식되고 있다. 도입 초기에는 개인용 컴퓨터를 중심으로 와이파이가 사용되었지만, 최근에는 스마트폰, 프린터, TV, 냉장고, 세탁기 등의 다양한 기기에 적용되어 IoT(Internet of Things) 환경을 구축하고 있다.

와이파이는 ISM 대역(Industrial Scientific and Medical Band)으로 지정된 2.4GHz 대역과 5GHz 대역의 주파수를 이용한다. 이 주파수 대역은 산업, 과학, 의료용 기기용으로 할당되었고, 기본적인 규칙만 준수한다면 이동통신처럼 해당 주파수 대역을 이용하기 위해 별도의 이용료를 내지 않아도 된다.

국내의 경우 2.4GHz 대역에서는 83MHz의 주파수 대역이 할당되어 이용되는데, 83MHz의 주파수 대역에서 20MHz의 대역폭을 갖는 13개의 채널을 할당하여 이용하고 있다. 같은 채널에서 여러 대의 와이파이 장치가 사용되거나 와이파이 장치들이 인접한 채널을 이용하는 경우 서로 다른 장치들이 통신하는 과정에서 충돌이 발생할 수 있는데, 이를 '간섭(Interference)'이라고 한다.

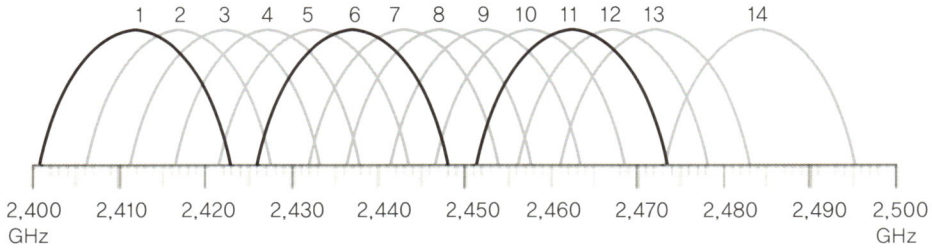

[그림 12-4] 2.4GHz 대역의 채널 분포

---

[31] Hi-Fi: 하이 피델리티(High Fidelity)의 줄임말이다. 일반적으로 전기음향 용어로 사용되며, 사람의 가청 주파수 16Hz~20KHz 범위의 저음부에서 고음부까지를 균일하게 재생할 수 있는 음향기기의 특성을 말한다.
[32] 전기전자기술자협회(IEEE)

[그림 12-5] 2.4GHz 대역에서는 간섭 현상이 심각하게 발생한다.

이러한 간섭 문제를 해결하기 위해 1번, 6번, 13번 채널이나 1번, 5번, 9번, 13번 채널처럼 서로 중첩되지 않는 채널들을 이용하도록 권장하고 있다. 그런데도 와이파이를 이용하는 장치들이 늘어나는 속도를 감당하지 못해서 최근에는 비중첩 채널이 20개 이상인 5GHz 대역에서 사용할 수 있는 IEEE 802.11g, IEEE 802.11n 등과 같은 표준의 이용이 늘고 있다.

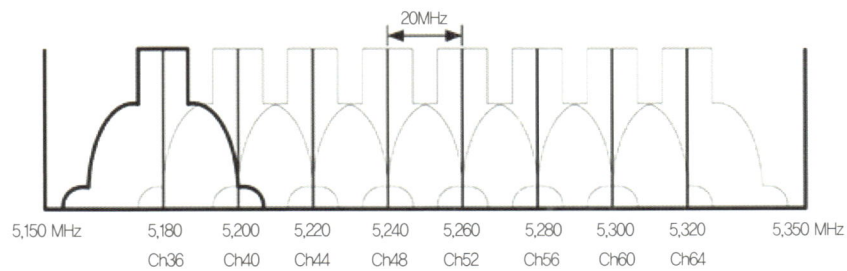

[그림 12-6] 5GHz 대역 중 일부의 채널 분포

3) 위성통신

위성통신은 인공위성이 중계소 역할을 담당하는 장거리 통신방법으로, 대기권 밖의 상공에 쏘아올린 인공위성을 통해 통신 신호를 중계한다.

인공위성은 용도에 따라 군사위성, 기상위성, 과학위성, 통신위성 등으로 분류된다. 이 중에서 통신위성은 신호를 중계할 목적으로 지구를 돌고 있는 인공위성을 의미한다.

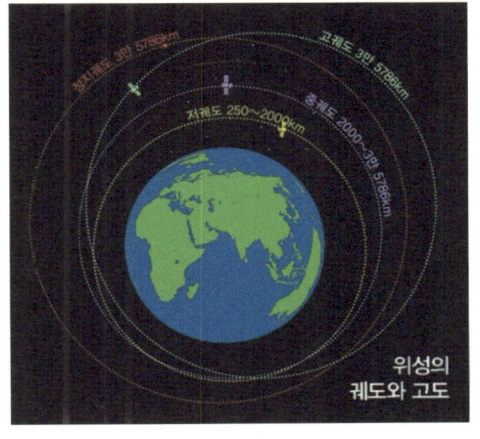

[그림 12-7] 세계일보 'S 스페셜-우주 이야기'

인공위성 중에는 지구의 자전 속도와 같은 속도로 공전하여 마치 지구궤도의 위에 정지해 있는 것처럼 보이는 정지위성이 있는데, 위성통신은 주로 이 정지위성을 이용한다. 통신위성은 통신 가능 범위가 넓고(특정 국가 전역), 전리층을 통과하기 위해 주파수가 1GHz 이상으로 높은 마이크로파를 사용하기 때문에 고속, 대용량 통신이 가능하다. 또한 재해가 발생해도 통신의 제약을 받지 않는다는 장점이 있지만, 전파의 왕복 시간이 길어 음성통신을 할 때 지연된다는 단점이 있다.

위성통신의 경우 대부분 지상에 망이 구축되는 셀룰러 시스템, 와이파이(Wi-Fi) 환경과 다르게 재해 또는 전시와 같이 지상의 기반 통신시설이 붕괴된 상황에서도 사용할 수 있다. 특히 드론의 경우 군사용으로 많이 사용된다는 것을 고려하면, 이는 다른 통신 기술에 비해 큰 장점이 될 수 있다. 하지만 아래와 같은 제한 사항 때문에 일반적인 사용에는 어려움이 있다.

① 고가의 위성 발사 비용 및 기지국 건설 비용
② 투자 금액 대비 짧은 위성의 수명
③ 궤도 및 주파수의 포화
④ 전문 인력 고용의 어려움
⑤ 지상과 교신 시 시간 지연 발생

4) 셀룰러 시스템

셀룰러 시스템은 이동 무선 통신에서 기지국이 넓은 영역을 '셀'이라고 부르는 구역으로 나누어 통신 서비스를 제공하는 것이다. 제1세대 이동통신기술(이하 1G)은 아날로그 방식으로 넓은 범위를 적은 기지국으로 커버할 수 있다는 장점이 있었지만, 통화 품질이 좋지 않고 음성 통화만 가능하다는 단점이 있었다. 이후 2G부터 디지털 방식이 도입되어 유럽에서 주도한 GSM(Global System for Mobile communication) 기술과 미국 퀄컴(Qualcomm)에서 개발한 CDMA(Code Division Multiple Access) 기술이 도입되었다. 이러한 기술은 아날로그 방식에 비해 많은 기지국이 필요하지만, 서비스 품질이 우수하다는 장점을 가지고 있다. 그리고 3G부터는 GSM을 발전시킨 W-CDMA(Wideband-CDMA) 기술과 CDMA 기술을 발전시킨 CDMA2000을 사용했다.

3G부터는 기존의 문자와 음성 외에 영상과 인터넷까지 송출할 수 있게 되었으며, 현재도 사용하고 있는 기술이다. 그리고 4G에서는 다양한 기술이 표준을 차지하기 위해 치열한 경쟁을 벌였지만, 대부분 LTE(Long Term Evolution) 및 LTE-Advanced(LET-A)를 사용한다. 3G시대와 마찬가지로 음성, 문자, 영상, 인터넷을 전송할 수 있지만, 가장 큰 차이는 전송 속도에 있다. LTE는 정지 상태에서 1Gbps, 60km/h 이상의 고속 이동할 경우

100Mbps 이상의 전송 속도를 제공한다.

셀룰러 시스템에서 사용되는 CDMA는 하나의 채널로 한 통화만 할 수 있는 아날로그 방식의 한계점을 극복하기 위해 개발된 디지털 방식으로, '코드분할 다중접속' 또는 '부호분할 다중접속'이라고도 부른다. CDMA의 핵심 아이디어를 간단하게 설명하자면, 같은 공간(주파수 대역)에서 여러 사람들이 동시에 대화를 할 경우 서로 다른 언어(코드)로 이야기를 하는 것과 같다. 서로의 대화 내용을 알 수 없으면서 대화 가능한 사람의 수를 많이 증가시키는 것이 가능하다. 드론에서 셀룰러 시스템을 사용한다면, 제조사 입장에서는 통신사와 연계를 해야 한다는 제도적 문제점이 있고, 사용자 입장에서는 매달 통신료가 청구된다는 문제점이 있다. 반면 국내의 경우 촘촘한 망 때문에 모든 장소에서 통신이 끊기지 않는다는 장점이 있다. 특히 드론처럼 이동성이 높은 기기에는 매우 유리하다. 하지만 공중에 셀룰러 망이 개설되어 있지 않기 때문에 망을 사용하려면, 고도에 제한을 받는 등 드론 무선 통신에 적용하는 데 어려움이 있다.

5) LTE

[그림 12-8] THE VERGE, 'What is 5G?'

LTE(Long Term Evolution)는 HSDPA보다 한층 진화된 휴대전화 고속 무선 데이터 패킷 통신 규격이다. 이것은 HSDPA의 진화된 규격인 ESPA+와 함께 '3.9세대 무선 통신 규격'으로 부른다.

제3세대 비동기식 이동통신기술 표준화 기구 3GPP(3rd Generation Partnership Project)는 2008년 12월 확정된 무선 고속 데이터 패킷 접속 규격인 릴리즈 8을 기반으로 하고 있다. 그리고 핵심 기술인 OFDM[33]과 MIMO[34]를 이용하여 HSDPA보다 12배 이상 빠른 속도로 통신할 수 있고, 다운로드 속도는 최대 173Mbps이다(2×2 MIMO 기준).

LTE는 휴대전화 네트워크의 용량과 속도를 증가시키기 위해 고안된 제4세대 무선 기술(4G)을 향한 한 단계이다. 현재 이동통신의 세대가 전체적으로 3G(제3세대)라고 알려진 곳

---

33 직교주파수분할: 고속의 송신신호를 다수의 직교(Orthogonal)하는 협대역 반송파로 다중화시키는 변조 방식
34 다중 입·출력: 다중의 입·출력이 가능한 안테나 시스템

에서 LTE는 4G로 마케팅된다. 표준화 기구가 설정한 규격과 비교하여 LTE는 IMT 어드밴스 4G 요구 사항을 완벽하게 만족시키지 못하기 때문에 3.9G이다. 미국의 버라이즌 와이어리스와 AT&T 모빌리티, 그리고 몇몇 세계적 통신사는 2009년 시작되는 네트워크의 LTE 변경 계획을 발표했다. 특히 대한민국의 경우 2013년 9월 KT, SK텔레콤, LG U+ 등 3개 통신사가 모두 전국에 LTE를 서비스하고 있다.

LTE 표준은 100Mbps의 하향 링크 최고 속도, 50Mbps의 상향 링크 최고 속도, 10ms 이하의 RAN(Radio Access Network) round-trip time을 제공한다. 또한 반송파 대역폭을 1.4MHz에서 20MHz까지 조정이 가능하며, TDD와 FDD를 이용한 전이중통신을 지원한다.

LTE 표준의 일부는 SAE(System Architecture Evolution)라고 부른다. 이것은 GPRS 코어 네트워크를 대체하고, 과거의 시스템이나 GPRS, WiMAX와 같은 비 3GPP 시스템 사이에서의 이동성을 보장하기 위해 설계된 플랫 IP 기반 네트워크 아키텍처이다.

LTE의 주요 이점은 높은 처리량, 낮은 지연 시간, 플러그 앤 플레이, 같은 플랫폼에서 FDD와 TDD를 사용할 수 있다는 점, 향상된 최종 사용자 경험(End-User Experience), 단순한 아키텍처, 그로 인한 낮은 운영비이다. 또한 LTE는 GSM, cdmaOne, UMTS, CDMA2000과 같은 구형 네트워크 기지국으로의 원활한 이동을 지원한다.

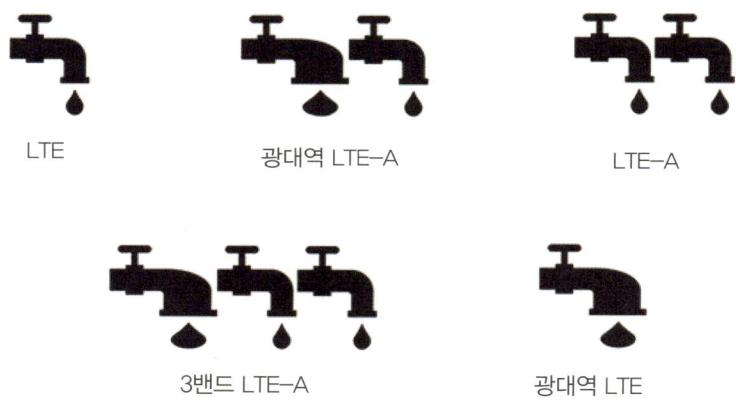

[그림 12-9] LTE의 종류와 원리

6) 5G

스마트폰은 기기 화면의 위쪽에 3G 또는 4G 기호가 표시되어 있다. 이것은 와이파이 핫스팟이 없는 경우 휴대전화를 인터넷에 연결하는 모바일 네트워크의 유형을 나타낸다. 1980년대 이후 다양한 네 가지 기술과 표준으로 구성된 네 가지 주요 세대의 모바일 네트워크가 연결되었다. 3G는 글자 그대로 '제3세대'를 의미하고 4G는 '제4세대'를 의미한다.

모바일 네트워크의 '제5세대'인 5G가 그 다음이다. 5G의 기본 장점은 현재의 4G 네트워크와 비교할 때 데이터 속도가 훨씬 더 빠르고 용량이 대용량으로 증가되었지만 대기 시간이 훨씬 짧아졌다는 것이다.

① **속도**: 4G+LTE-A 또는 4.5G로 다양하게 알려진 최고급 4G 네트워크는 최대 300Mbit/s의 다운로드 속도를 제공할 수 있다. 비교해 보면, 5G는 1Gb/s를 초과하는 속도를 제공할 것으로 예상하며, 10Gb/s에 가깝다고 많이 추정하고 있다. 5G 네트워크에서는 10초 이내에 FULL HD 영화를 다운로드할 수 있지만, 동일한 작업이 4G에서는 10분 가까이 걸릴 것이다.

② **대기 시간**: 콘텐츠 또는 작업에 대한 요청과 실제로 휴대전화로 전달되는 콘텐츠 또는 작업 간의 지연을 나타낸다. 스마트폰의 웹 링크를 누르고 웹 사이트 로드가 시작될 때까지의 지연 시간을 고려한다. 이러한 지연은 종종 모바일 네트워크와 와이파이 연결 간의 주요한 경험적 차이 때문이지만, 5G는 이러한 차이를 완전히 해결할 것이다. 50ms의 현재 4G 응답 시간은 예상되는 강력한 신호 영역에서도 웹 기반 응용 프로그램을 사용할 때 당면하지 못한 경험을 설명한다. 반면 5G는 광대역과 같은 경험에 대해 1ms의 종단 간 응답 시간을 자랑한다.

③ **용량**: 아마도 4G의 핵심 병목은 용량이 제한적인 것이다. 현재 모바일 네트워크 주파수에 충분한 대역폭이 부족하여 한 지역 내의 여러 사용자들이 원활하게 통신할 수 없다. 5G는 새롭고 덜 혼잡한 주파수 스펙트럼의 개방과 이 스펙트럼의 더 똑똑한 사용을 통해 이러한 용량을 크게 확장시킬 것이다. 특정 요구 사항을 기반으로 개별 사용자에게 지능적으로 할당되므로 수행 중인 모든 작업에 필요한 정확한 네트워크 스펙트럼을 언제나 얻을 수 있다.

④ **사용자 경험**: 속도와 대기 시간이 크게 향상되었기 때문에 사용자는 무제한 대역폭과 지속적인 가용성을 인식할 수 있다.

7) 5G 애플리케이션

5G의 훨씬 확장된 기능은 현재 모바일 서비스의 단순한 개선 이상을 의미하고, 그것은 수많은 새로운 산업의 중추를 형성할 것이다.

우리가 볼 수 있는 5G 네트워크 기술의 첫 공개 사용은 5G 고정 무선 액세스(FWA: Fixed Wireless Access)이다. 이것은 현재의 마지막 마일 광대역 연결에 대한 대안을 형성할 것이고, 무선 5G 설정에 의해서 집에 물리적으로 연결될 것이다. 성능의 저하 없이 훨씬 빠르고 저렴한 설치 프로세스가 가능하다.

8) 사물 인터넷(IoT)

더 나아가 IoT(Internet of Things)는 5G를 가정 및 도시 주변에 수백만 개의 초소형 저전력 장치에 연결해서 모든 것을 포괄하면서 폭발적으로 성장할 것이다. 전화, 냉장고, 조명 및 기타 전기 제품은 모두 인터넷에 연결된다. 연결된 자동차와 웨어러블은 이미 사업에 종사하고 있고, 무인 항공기는 이륙하고 있다. 5G는 이러한 이니셔티브를 다음 단계로 가져갈 것이다.

운전자가 없는 차량은 도로의 센서를 통해 사고를 피할 수 있다. 운전자를 빈 주차장으로 안내할 수 있는 스마트도시, 긴급 서비스가 필요할 때 가로등을 바꾸거나 악천후 시 어느 길로 가야 하는지를 식별할 수 있다. 에너지 자원을 보존하고 에너지 소비를 관리할 수 있는 스마트그리드(Smart Grid)[35], 이러한 것들은 모두 5G로 현실이 될 수 있다.

9) VR, AR 및 홀로그램

우리는 현재 스마트 비디오 장치에서 진보된 가상 및 증강 현실 미디어 콘텐츠를 HD 비디오로 사용하는 것과 같이 쉽고 빠르게 사용할 수 있다.

AR(Augmented Reality, 증강현실)은 차량 윈드 스크린에 나타나는 위성 내비게이션이나 상점 창문에 투영되는 광고와 같은 단순한 엔터테인먼트 이상의 용도로 더 많이 사용되고 있다. 홀로그램 비디오는 3D 의료 이미징 등에 사용 가능한 현실이 될 수 있다. 산업용 장비는 더욱 안전한 작업 관행을 위해 원격으로 제어될 수 있으며, 의사는 원격으로 로봇을 조작하여 세계의 다른 쪽에서 수술을 수행할 수 있다. 이와 같이 가능성은 아주 무궁무진하다.

[그림 12-10] 가상현실(VR), 증강현실(AR) 및 홀로그램

---

35 스마트그리드(Smart Grid): 전력 공급자와 소비자가 실시간 정보를 교환해서 에너지 효율성을 최적화하는 차세대 지능형 전력망

구분	장점	단점
블루투스	• 간섭현상이 상대적으로 낮음 • 저전력 통신을 제공해 많은 데이터 통신이 필요 없는 드론 제어에 적합	와이파이에 비해 전송 속도가 느려서 임무를 수행할 때 사진, 동영상 등의 고용량 자료 전송 곤란
와이파이 (Wi-Fi)	• 고속의 데이터 전송 가능 • 노트북이나 스마트폰과 직접 연결 가능	• 출력이 제한되어 드론 제어에 통신 제약 있음 • 비허가 대역인 ISM 대역을 사용하여 통신 범위가 넓어지면 간섭현상 발생
위성통신	지상에 망이 구축되는 셀룰러 와이파이 환경과 다르게 재해, 전시에서도 사용 가능	• 위성발사 및 기지국 건설에 막대한 자금 필요 • 위성수명이 짧아 경제성 부족·지상교신 시 시간 지연 발생
셀룰러 시스템	• 문자, 음성, 영상, 인터넷 등 모두 전송 가능 • 어느 곳에서나 통신이 끊기지 않음	• 제조사는 통신사와 연계해야 하고 사용자에게 매달 통신료 청구 • 망 사용에 고도 제한 있음
LTE	• 비행거리가 무제한 늘어나 먼 거리 사고 현장에도 즉각 투입 가능 • 실시간 영상 스트리밍, 고용량 데이터 송·수신이 가능해 높은 고도에서 영상 중계	• 사고 위협과 테러나 범죄에 악용될 수 있음 • 미연방항공국은 장거리 드론 비행을 규제하고 있어 상용화되기 전에 법안이 먼저 개정되어야 함
5G	빠른 속도 등 5G 통신의 이점을 살리고 여러 사물과 실시간으로 통신 가능	아직 5G 이동통신 표준이 확정되지 않아 상용화에 장기간의 시일 소요

[표 12-1] 드론 통신 항목의 장점과 단점

Part 05 안전 및 인적 요소

항공산업은 과학기술의 발전과 함께 첨단 산업의 입지를 구축하고 있으나 안전 관리가 뒷받침되지 못해 사고가 발생한다. 드론산업도 급부상하고 있는 분야이지만 안전 관리에 대한 규정은 미비하다. 따라서 기술의 발전과 더불어 반드시 뒷받침이 되어야 할 안전 관리 분야가 함께 발전해야 한다.

drone maintenance

Chapter 13 항공법

Chapter 14 초경량 비행 장치의 안전성 인증

Chapter 15 초경량 비행 장치의 비행 승인 및 공역

Chapter 16 초경량 비행 장치 조종자 등의 준수 사항

Chapter 17 행정 처분

Chapter 13 항공법

항공법은 드론 산업이 급속도로 성장함에 따라 드론의 확산 및 대중화가 진행되며 같이 발전해 왔다. 항공법에서는 드론을 초경량 비행 장치로 규정하고 항공안전법, 항공사업법, 공항시설법으로 분리해 효율적이고 공정하게 관리하고 있다.

2009년 9월 항공법 시행규칙에서 현재의 항공기 분류 시스템인 경량 항공기 및 초경량 비행 장치의 종류 및 범위에 대하여 명시하였다. 2014년 7월 15일 개정된 항공법 시행규칙 제14조(초경량 비행 장치 범위 등)에 낙하산류에 대한 내용이 추가되어, 초경량 비행 장치는 동력 비행 장치, 인력활공기(행글라이더, 패러글라이더), 기구류(자유 기구, 계류식 기구), 회전익 비행 장치(초경량 자이로플레인, 초경량 헬리콥터), 동력 패러글라이더, 무인 비행 장치, 낙하산류로 분류되었다. 또한 항공법은 2017년 3월 30일부로 항공안전법, 공항시설법, 항공사업법으로 분리하면서 무인 멀티콥터가 추가된 초경량 비행 장치 관련 법규들을 명시하고 있다.

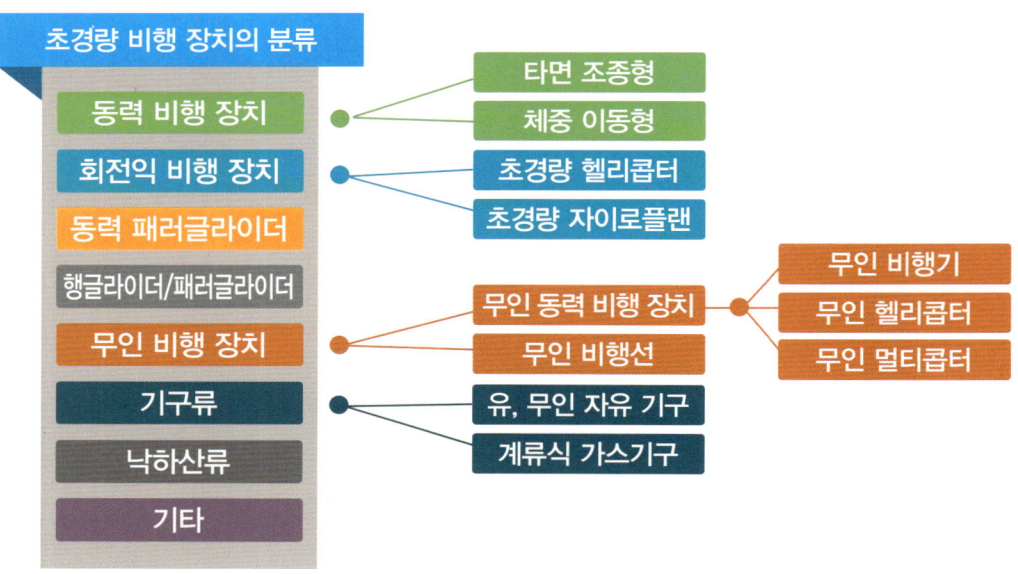

[그림 13-1] 초경량 비행 장치의 분류

1 항공법 개요

가 항공법

1) 항공안전법

항공안전법은 "국제민간항공협약 및 같은 협약의 부속서에서 채택된 표준과 권고되는 방식에 따라 항공기, 경량 항공기 또는 초경량 비행 장치가 안전하게 항행하기 위한 방법을 정함으로써 생명과 재산을 보호하고, 항공기술 발전에 이바지함을 목적으로 한다."라고 항공안전법 제1조(목적)에서 명시하고 있다.

2) 공항시설법

공항시설법은 "공항·비행장 및 항행안전시설의 설치 및 운영 등에 관한 사항을 정함으로써 항공산업의 발전과 공공복리의 증진에 이바지함을 목적으로 한다."라고 공항시설법 제1조(목적)에서 명시하고 있다.

3) 항공사업법

항공사업법은 "항공정책의 수립 및 항공사업에 관하여 필요한 사항을 정하여 대한민국 항공사업의 체계적인 성장과 경쟁력 강화 기반을 마련하는 한편, 항공사업의 질서 유지 및 건전한 발전을 도모하고 이용자의 편의를 향상시켜 국민 경제의 발전과 공공 복리의 증진에 이바지함을 목적으로 한다."라고 항공사업법 제1조(목적)에서 명시하고 있다.

나 초경량 비행 장치

1) **동력 비행 장치:** 자체 중량(탑승자, 연료 및 비상용 장비의 중량을 제외한)이 115kg 이하이고, 좌석이 1개인 동력을 이용하는 고정익 비행 장치

2) **회전익 비행 장치:** 자체 중량(탑승자, 연료 및 비상용 장비의 중량을 제외한)이 115kg 이하이고 좌석이 1개인 동력을 이용하는 헬리콥터 또는 자이로플레인

3) **동력 패러글라이더:** 패러글라이더에 추진력을 얻는 장치를 부착한 다음의 어느 하나에 해당하는 비행 장치

   ❶ 착륙 장치가 없는 비행 장치
   ❷ 착륙 장치가 있는 것으로서 자체 중량(탑승자, 연료 및 비상용 장비의 중량을 제외한)이 115kg 이하이고 좌석이 1개인 동력을 이용하는 비행 장치

4) **행글라이더:** 자체 중량(탑승자 및 비상용 장비의 중량을 제외한)이 70kg 이하로서 체중이동, 타면 조종 등의 방법으로 조종하는 비행 장치

5) **패러글라이더:** 자체 중량(탑승자 및 비상용 장비의 중량을 제외한)이 70kg 이하로서 날개에 부착된 줄을 이용하여 조종하는 비행 장치

6) **낙하산류:** 항력(抗力)을 발생시켜 대기(大氣) 중을 낙하하는 사람 또는 물체의 속도를 느리게 하는 비행 장치

7) **기구류:** 기체의 성질·온도차 등을 이용하는 다음의 비행 장치
   ① 유인 자유 기구 또는 무인 자유 기구
   ② 계류식(繫留式) 기구

8) **무인 비행 장치:** 사람이 탑승하지 아니하는 것으로서 다음의 비행 장치
   ① 무인 동력 비행 장치: 연료의 중량을 제외한 자체 중량이 150kg 이하인 무인 비행기, 무인 헬리콥터 또는 무인 멀티콥터
   ② 무인 비행선: 연료의 중량을 제외한 자체 중량이 180kg 이하이고 길이가 20m 이하인 무인 비행선

9) 그 밖에 국토교통부장관이 종류, 크기, 중량, 용도 등을 고려하고 정해 고시하는 비행 장치

2 초경량 비행 장치 신고

가 초경량 비행 장치의 신고 대상 여부

분류	종류	크기, 중량	자체 중량 의미 (자체 무게)	신고 여부/용도
동력 비행 장치	타면 조종형 비행 장치	1인승, 자체 중량 115kg 이하	탑승자, 연료 및 비상용 장비의 중량을 제외한 중량	신고 필요
	체중 이동형 비행 장치			신고 필요
	헬리콥터			신고 필요
	자이로플레인			신고 필요
	동력 패러글라이더 (착륙 장치 있음)			신고 필요
	동력 패러글라이더 (착륙 장치 없음)	-	-	신고 필요

무인 비행 장치	무인 비행기	자체 중량 12kg 초과 150kg 이하	연료 무게는 제외되나, 배터리 무게가 포함된 중량	신고 필요
	무인 헬리콥터			신고 필요
	무인 멀티콥터			신고 필요
	무인 비행기	자체 중량 12kg 이하		신고 불필요 (사업용 신고 필요)
	무인 헬리콥터			신고 불필요 (사업용 신고 필요)
	무인 멀티콥터			신고 불필요 (사업용 신고 필요)
	무인 비행선 (길이 7m 초과 20m 이하)	자체 중량 12kg 초과 180kg 이하	연료의 무게를 제외한 무인 비행선의 중량	신고 필요
	무인 비행선(길이 7m 이하)	자체 중량 12kg 이하		신고 불필요 (사업용 신고 필요)
	계류식 무인 비행 장치	–	–	신고 불필요 (사업용 신고 필요)
–	행글라이더	자체 중량 70kg 이하	탑승자 및 비상용 장비의 중량을 제외한 중량	신고 불필요 (사업용 신고 필요)
–	패러글라이더			신고 불필요 (사업용 신고 필요)
–	낙하산류	–	–	신고 불필요 (사업용 신고 필요)
–	계류식 기구류(유인)	–	–	신고 필요
–	계류식 기구류(무인)	–	–	신고 불필요 (사업용 신고 필요)
–	유인 자유 기구	–	–	신고 필요

※ 사업용은 항공사업법에 따른 항공기 대여업, 항공 레저 스포츠 사업 또는 초경량 비행 장치 사용 사업에 사용되는 것을 말한다.

나 초경량 비행 장치 신고 방법

1) 신고 중량

최대 이륙 중량 2kg 초과 비행 장치 또는 중량에 상관없이 모든 사업용 비행 장치는 한국교통안전공단(드론관리처)에 신고[*] 하며, 기체 신고필증을 교부 받아야 한다.

2) 신고 서류

항공안전법 시행규칙 별지 제116호 서식인 초경량 비행 장치 신고서(법제처 국가법령정

---

[*] 드론 원스탑 민원 포털 서비스(https://drone.onestop.go.kr)로 신고 가능

보센터 확인 가능)작성 또는 드론 원스탑 민원 서비스(https://drone.onestop.go.kr)를 통해 비행장치 소유증명 서류(매매 계약서, 거래 명세서, 견적서 포함 영수증, 제작 증명서 등), 제원 및 성능표, 측면 사진(15cm×10cm), 보험 가입 증명 서류를 첨부하여 지방항공청에 신고한다.

3) 신고 번호 표기

소유자는 신고 번호가 잘 보일 수 있도록 드론 기체에 적정한 방법으로 표기하여야 하며, 미 표기 시 100만 원 이하 과태료 처분 대상이 된다.

신고 번호의 각 문자 및 숫자의 크기

구분		규격	비고
가로세로비		2 : 3의 비율	아라비아 숫자 1은 제외
세로 길이	주날개에 표시하는 경우	20㎝ 이상	
	동체 또는 수직꼬리날개에 표시하는 경우	15㎝ 이상	회전익 비행 장치의 동체 아랫면에 표시하는 경우에는 20㎝ 이상
선의 굵기		세로 길이의 1/6	
간격		가로 길이의 1/4 이상 1/2이하	

* 장치의 형태 및 크기로 인해 신고 번호 크기를 규격대로 표시할 수 없을 경우 가장 크게 부착할 수 있는 부위에 최대 크기로 표시할 수 있다.

4) 신고 번호의 크기

구분		규격	비고
가로세로비		2:3비율	아라비아 숫자 1은 제외
세로 길이	주 날개에 표시하는 경우	20cm 이상	
	동체 또는 수직 꼬리 날개에 표시하는 경우	15cm 이상	회전익 비행 장치의 동체 아랫면에 표시하는 경우에는 20cm 이상
선의 굵기		세로 길이의 1/6	
간격		가로 길이의 1/4 이상 1/2 이하	

※ 장치의 형태 및 크기로 인해 신고 번호 크기를 규격대로 표시할 수 없을 경우 가장 크게 부착할 수 있는 부위에 최대 크기로 표시할 수 있다.

Chapter 14 초경량 비행 장치의 안전성 인증

초경량 비행 장치 안전성 인증이란 초경량 비행 장치가 "초경량 비행 장치의 비행 안전을 확보하기 위한 기술상의 기준(국토교통부 고시)"에 적합함을 증명하고, 초경량 비행 장치의 비행 안전을 확보하기 위하여 설계, 제작 및 정비 관련 기록과 초경량 비행 장치의 상태 및 비행 성능 등을 확인하여 인증하는 것이다.

1 안전성 인증

안전성 인증 대상 초경량 비행 장치는 다음의 어느 하나에 해당하는 초경량 비행 장치를 말한다.

- 타면 조종형 비행 장치 – 체중 이동형 비행 장치 – 초경량 헬리콥터
- 초경량 자이로플레인 – 동력 패러글라이더 – 유인 자유 기구
- 행글라이더(항공 레저 스포츠 사업에 사용되는 것만 해당한다)
- 패러글라이더(항공 레저 스포츠 사업에 사용되는 것만 해당한다)
- 낙하산류(항공 레저 스포츠 사업에 사용되는 것만 해당한다)
- 유인 계류식 기구류(항공 레저 스포츠 사업에 사용되는 것만 해당한다)
- 무인 비행기(최대 이륙 중량 25kg 초과)
- 무인 헬리콥터(최대 이륙 중량 25kg 초과)
- 무인 멀티콥터(최대 이륙 중량 25kg 초과)
- 무인 비행선(길이 7m 초과, 연료의 중량을 제외한 자체 중량 12kg 초과)

2 안전성 인증 예외 대상

안전성 인증 대상인 초경량 비행 장치가 다음 어느 하나에 해당하는 경우에 대하여 국토교통부장관의 허가를 받은 초경량 비행 장치는 안전성 인증을 받지 아니하고 비행할 수 있다.

❶ 연구·개발 중에 있는 초경량 비행 장치의 안전성 여부를 평가하기 위하여 시험 비행을 하는 경우
❷ 안전성 인증을 받은 초경량 비행 장치의 성능 개량을 수행하고 안전성 여부를 평가하기 위하여 시험 비행을 하는 경우
❸ 그 밖에 국토교통부장관이 필요하다고 인정하는 경우

안전성 인증 대상 예외를 위한 허가를 받으려는 자는 초경량 비행 장치 시험 비행 허가 신청서(항공안전법 시행규칙 별지 제119호 서식)에 해당 초경량 비행 장치가 초경량 비행 장치의 비행 안전을 위한 기술상의 기준(이하 "초경량 비행 장치 기술 기준"이라 한다)에 적합함을 입증할 수 있는 다음의 서류를 첨부하여 국토교통부장관에게 제출하여야 한다.

❶ 해당 초경량 비행 장치에 대한 소개서
❷ 초경량 비행 장치의 설계가 초경량 비행 장치 기술 기준에 충족함을 입증하는 서류
❸ 설계 도면과 일치되게 제작되었음을 입증하는 서류
❹ 완성 후 상태, 지상 기능 점검 및 성능 시험 결과를 확인할 수 있는 서류
❺ 초경량 비행 장치 조종 절차 및 안전성 유지를 위한 정비 방법을 명시한 서류
❻ 초경량 비행 장치 사진(전체 및 측면 사진을 말하며, 전자 파일로 된 것을 포함한다) 각 1매
❼ 시험 비행 계획서

안전한 드론 사용을 위한 절차는 무엇인가요?

비행 절차		최대 이륙 용량 기준*					담당 기관
		250kg 이하	250kg 초과 2kg 이하	2kg 초과 7kg 이하	7kg 초과 25kg 이하	25kg 초과	
① 장치 신고	비사업	×	×	○	○	○	한국교통안전공단 ('21.1.1 시행)
	사업	○	○	○	○	○	
② 사업 등록		○	○	○	○	○	지방항공청
③ 안정성 인증		×	×	×	×	○	한국안전기술원
④ 조종자 증명		×	○ (4종)	○ (3종)	○ (2종)	○ (1종)	한국교통안전공단 ('21.3.1 시행)
⑤ 비행 승인**		△	△	△	△	○	지방항공청 또는 국방부
⑥ 항공 촬영 승인		○	○	○	○	○	국방부
⑦ 비행		조종자 준수 사항에 따라 비행					

* 상기 기준은 자체 중량 150kg 이하인 무인 동력 비행 장치에 적용
** 비행 제한 구역 및 비행 금지 구역, 관제권, 고도 150m 이상 비행 시에는 무게와 상관없이 비행 승인 필요
최대 이륙 중량 25kg 초과 기체는 상시 승인 필요(단, 초경량 비행 공역에서는 승인 불필요)

Chapter 15 초경량 비행 장치의 비행 승인 및 공역

항공기의 비행에 적합하도록 통제에 의한 안전 조치가 이루어지는 공중에 설정된 구역을 공역이라고 하는데 필요에 따라서 해당 공역에서 비행하기 위해 사전 비행 승인을 받아야하며 공역에서의 비행 뿐 아니라 야간 비행(항공법상 비행 장치 중 무인 비행 장치로 분류된 경우) 및 기타 특별 비행을 위해서는 사전에 꼭 승인을 받아야 한다.

1 공역

가 항공 교통 업무에 따른 공역 구분

구분		내용
관제 공역	A등급 공역	모든 항공기가 계기 비행을 해야 하는 공역
	B등급 공역	계기 비행 및 시계 비행을 하는 항공기가 비행 가능하고, 모든 항공기에 분리를 포함한 항공 교통 관제 업무가 제공되는 공역
	C등급 공역	모든 항공기에 항공 교통 관제 업무가 제공되나, 시계 비행을 하는 항공기 간에는 교통 정보만 제공되는 공역
	D등급 공역	모든 항공기에 항공 교통 관제 업무가 제공되나, 계기 비행을 하는 항공기와 시계 비행을 하는 항공기 및 시계 비행을 하는 항공기 간에는 교통 정보만 제공되는 공역
	E등급 공역	계기 비행을 하는 항공기에 항공 교통 관제 업무가 제공되고, 시계 비행을 하는 항공기에 교통 정보가 제공되는 공역
비관제 공역	F등급 공역	계기 비행을 하는 항공기에 비행 정보 업무와 항공 교통 조언 업무가 제공되고, 시계 비행 항공기에 비행 정보 업무가 제공되는 공역
	G등급 공역	모든 항공기에 비행 정보 업무만 제공되는 공역

나 공역의 사용 목적에 따른 구분

구분		내용
관제 공역	관제권	「항공안전법」 제2조제25호에 따른 공역으로서 비행 정보 구역 내의 B, C 또는 D등급 공역 중에서 시계 및 계기 비행을 하는 항공기에 대하여 항공 교통 관제 업무를 제공하는 공역
	관제구	「항공안전법」 제2조제26호에 따른 공역(항공로 및 접근 관제 구역을 포함한다)으로서 비행 정보 구역 내의 A, B, C, D 및 E등급 공역에서 시계 및 계기 비행을 하는 항공기에 대하여 항공 교통 관제 업무를 제공하는 공역
	비행장 교통 구역	「항공안전법」 제2조제25호에 따른 공역 외의 공역으로서 비행 정보 구역 내의 D등급에서 시계비행을 하는 항공기 간에 교통 정보를 제공하는 공역
비관제 공역	조언 구역	항공교통 조언 업무가 제공되도록 지정된 비관제 공역
	정보 구역	비행 정보 업무가 제공되도록 지정된 비관제 공역
통제 공역	비행 금지 구역	안전, 국방상, 그 밖의 이유로 항공기의 비행을 금지하는 공역
	비행 제한 구역	항공 사격·대공사격 등으로 인한 위험으로부터 항공기의 안전을 보호하거나 그 밖의 이유로 비행 허가를 받지 않은 항공기의 비행을 제한하는 공역
	초경량 비행 장치 비행 제한 구역	초경량 비행 장치의 비행 안전을 확보하기 위하여 초경량 비행 장치의 비행 활동에 대한 제한이 필요한 공역
주의 공역	훈련 구역	민간 항공기의 훈련 공역으로서 계기 비행 항공기로부터 분리를 유지할 필요가 있는 공역
	군작전 구역	군사 작전을 위하여 설정된 공역으로서 계기 비행 항공기로부터 분리를 유지할 필요가 있는 공역
	위험 구역	항공기의 비행 시 항공기 또는 지상 시설물에 대한 위험이 예상되는 공역
	경계 구역	대규모 조종사의 훈련이나 비정상 형태의 항공 활동이 수행되는 공역

2 초경량 비행 장치 비행 제한 공역

국토교통부장관이 초경량 비행 장치의 비행 안전을 위하여 필요하다고 인정하여 초경량 비행 장치의 비행을 제한하는 공역(이하 "초경량 비행 장치 비행 제한 공역"이라 한다)을 지정 고시한 공역을 말한다.

[그림 15-1] 초경량 비행 장치 비행 제한 공역. 녹색으로 표시된 초경량 비행 장치 비행 공역을 제외한 모든 공역이 초경량 비행 장치 비행 제한 공역이다.

3 초경량 비행 장치 승인

가 초경량 비행 장치 비행 승인

동력 비행 장치 등 국토교통부령으로 정하는 초경량 비행 장치를 사용하여 국토교통부장관이 고시하는 초경량 비행 장치 비행 제한 공역에서 비행하려는 사람은 국토교통부령으로 정하는 바에 따라 미리 국토교통부장관으로부터 비행 승인을 받아야 하고 종류는 다음과 같다.

❶ 동력 비행 장치　　❷ 회전익 비행 장치　　❸ 동력 패러글라이더
❹ 무인 비행기(최대 이륙 중량 25kg 초과 자체 중량 150kg 이하)
❺ 무인 헬리콥터(최대 이륙 중량 25kg 초과 자체 중량 150kg 이하)
❻ 무인 멀티콥터(최대 이륙 중량 25kg 초과 자체 중량 150kg 이하)
❼ 무인 비행선(길이 7m 초과 20m 이하, 자체 중량 12kg 초과 180kg 이하)
❽ 행글라이더(사업용에 한함)　　❾ 패러글라이더(사업용에 한함)
❿ 낙하산류(사업용에 한함)　　⓫ 유인 자유 기구
⓬ 무인 계류식 기구류(사업용에 한함)　⓭ 계류식 무인 비행 장치(사업용에 한함)

※ 사방·천장이 막혀있는 실내 공간에서의 비행은 승인을 필요로 하지 않는다. 또한, 적절한 조명장치가 있는 실내 공간이라면 야간에도 비행이 가능하다. 다만 어떠한 경우에도 인명과 재산에 위험을 초래할 우려가 없도록 주의하여 비행하여야 한다.

나 비행 승인이 필요한 지역과 승인 기관

초경량 비행 장치 비행 공역(UA)에서는 비행 승인 없이 비행이 가능하며, 기본적으로 그 외 지역은 비행 승인 후 비행이 가능하다.

최대 이륙 중량 25kg 이하의 무인 동력 비행 장치는 관제권 및 비행 금지 공역을 제외한 지역에서는 150m 미만의 고도에서는 비행 승인 없이 비행 가능하다.

비행 가능 공역, 관제권 및 비행 금지 구역 현황은 국토교통부에서 제작한 스마트폰 어플 Ready to Fly, V월드(http://map.vworld.kr/map/mps.do) 지도 서비스에서 확인 가능하다.

3) 관제권 및 비행 금지 구역 현황

관제권은 비행장 중심으로부터 반경 5NM(9.3km)로 고도는 비행장별로 상이하며, 육군 관제권(비행장교통구역)의 경우 통상 비행장 반경 3NM(5.6km) 이내이다.

비행장 주변 관제권
(반경 9.3km)

비행 금지 구역
(서울 강북 지역, 휴전선·원전 주변)

고도 150m 이상

4) 관할 기관과 연락처

① 서울지방항공청 관할: 서울특별시, 경기도, 인천광역시, 강원도, 대전광역시, 충청남도, 충청북도, 세종특별자치시, 전라북도
② 부산지방항공청 관할: 부산광역시, 대구광역시, 울산광역시, 광주광역시, 경상남도, 경상북도, 전라남도
③ 제주지방항공청 관할: 제주특별자치도

초경량 비행 장치 비행 승인 관할 기관 연락처

구분	관할 기관	연락처
인천, 경기 서부 (화성, 시흥, 의왕, 군포, 과천, 수원, 오산, 평택, 강화)	서울지방항공청 (항공운항과)	032-740-2157~8
서울, 경기 동부 (부천, 광명, 김포, 고양, 구리, 여주, 이천, 성남, 광주, 용인, 안성, 가평, 양평, 의정부, 남양주)	김도항공관리사무소 (안전운항과)	02-2660-5734
충청남북도	청주공항출장소	043-210-6202
전라북도	군산공항출장소	063-471-5820
강원 영동 지역 (고성, 속초, 양양, 강릉, 동해, 삼척, 태백)	양양공항출장소	033-670-7206
강원 영서 지역 (철원, 화천, 양구, 인제, 춘천, 홍천, 원주, 횡성, 평창, 영월, 정선)	원주공항출장소	033-344-0166
부산, 대구, 광주, 울산, 경상남북도, 전라남도	부산지방항공청 (항공운항과)	051-974-2153

구분		관할 기관	연락처
제주도(정석비행장 관제권 제외)		제주지방항공청 (안전운항과)	064-797-1745
제주 정석비행장 반경 9.3Km 이내		정석비행장	064-780-0475
군 관할 관제권 (공군)	광주	광주 기지	062-940-1111
	서울	서울 기지	031-720-3232
	김해	김해 기지	051-979-2306
	원주	원주 기지	033-730-4221~2
	수원	수원 기지	031-220-1014~5
	대구	대구 기지	053-989-3203~4
	예천	예천 기지	054-650-4722
	청주	청주 기지	043-200-2111~2
	강릉	강릉 기지	033-649-2021~2
	충주	중원 기지	043-849-3084~5
	해미	서산 기지	041-689-2020~3
	사천	사천 기지	055-850-3111~4
	성무	성무 기지	043-290-5230
군 관할 관제권 (해군)	포항	포항 기지	054-290-6324
	목포	목포 기지	061-263-4330~1
	진해	진해 기지	055-549-4231~2
	포승	2함대 사령부	031-685-4336
군 관할 관제권 (육군)	이천/논산/속초	항공 작전 사령부 (비행정보반)	031-644-3705~6
	(군 비행장 교통 구역) 가평/양평/홍천/현리/전주/ 덕소/용인/춘천/영천/금왕/ 조치원		
군 관할 관제권 (미 공군)	오산	오산 기지	0505-784-4222 (문의 후 신청)
	군산	군산 기지	063-470-4422 (문의 후 신청)
군 관할 관제권 (미 육군)	평택	평택 기지	0503-353-7555 (문의 후 신청)

구분		관할 기관	연락처
통제 구역 (비행 금지 구역)	P73 (서울 도심)	수도방위사령부 (작전지원과)	02-524-3345~6
	P518, P518E/W (휴전선 지역, NLL일대)	합동참모본부 (항공작전과)	02-748-3294
	P61A(고리/새울원전)	합동참모본부 (공중종심작전과) 02-748-3435	051-726-2051 052-715-2762
	P62A(월성원전)		054-779-2902
	P63A(한빛원전)		061-357-2823
	P64A(한울원전)		054-785-1061
	P65A(한국원자력연구원)		042-868-8811
	P61B(고리/새울원전)	부산지방항공청 (항공운항과)	051-974-2153
	P62B(월성원전)		
	P63B(한빛원전)		
	P64B(한울원전)		
	P65B(한국원자력연구원)	청주공항출장소	043-210-6202
통제 구역 (비행 제한 구역)	R75 (수도권 지역)	수도방위사령부 (작전지원과)	02-524-3345~6
	공군 사격장	공군작전사령부	031-669-3014/7095
	육군 사격장	육군본부	042-550-3321
	해군 사격장	해군작전사령부	051-679-3116
	해병대 사격장	해병대사령부	031-8012-3724
주의 공역	군 작전 구역	공군작전사령부 (공역관리과)	031-669-7095
	위험 구역		
	경계 구역		

Chapter 16 초경량 비행 장치 조종자 등의 준수 사항

조종자 준수 사항은 항공안전법 시행 규칙(제310조)에 따라 초경량 비행 장치 조종자의 행위를 제한하는 사항으로 8가지 항목으로 나눠져 있으며 이를 위반 시 차수 별로(총 3차) 최대 200만 원의 과태료를 부과 할 수 있다.

1 조종자 준수 사항

초경량 비행 장치 조종자는 초경량 비행 장치로 인하여 인명이나 재산에 피해가 발생하지 아니하도록 다음의 어느 하나에 해당하는 행위를 하여서는 아니 된다.

- 인명이나 재산에 위험을 초래할 우려가 있는 낙하물을 투하(投下)하는 행위
- 인구가 밀집된 지역이나 그 밖에 사람이 많이 모인 장소의 상공에서 인명 또는 재산에 위험을 초래할 우려가 있는 방법으로 비행하는 행위
- 사람 또는 건축물이 밀집된 지역의 상공에서 건축물과 충돌할 우려가 있는 방법으로 근접하여 비행하는 행위
- 안개 등으로 인하여 지상목표물을 육안으로 식별할 수 없는 상태에서 비행하는 행위
- 일몰 후부터 일출 전까지의 야간에 비행하는 행위(다만, 최저 비행 고도 150m 미만의 고도에서 운영하는 계류식 기구 또는 시험비행 등 국토교통부 허가를 받아 비행하는 초경량 비행 장치는 제외한다)
- 관제 공역 · 통제 공역 · 주의 공역에서 비행하는 행위. 다만, 항공안전법에 따라 비행 승인을 받은 경우와 다음의 행위는 제외한다.
- 군사 목적으로 사용되는 초경량 비행 장치를 비행하는 행위
- 관제권 또는 비행 금지 구역이 아닌 곳에서 최저 비행 고도 150m 미만의 고도에서 안전성 인증을 받지 아니하는 무인 비행 장치(무인 비행기, 무인 헬리콥터 또는 무인 멀티콥터 중 최대 이륙 중량이 25kg 이하, 무인 비행선 자체 중량 12kg 길이 7m 이하)의 비행 행위
- 주류 등의 영향으로 조종 업무를 정상적으로 수행할 수 없는 상태에서 조종하는 행위 또는 비행 중 주류 등을 섭취하거나 사용하는 행위
- 그 밖의 비정상적인 방법으로 비행하는 행위

- 다음의 [표 16-1](항공안전법 시행규칙 별표 24)에 따른 비행 시정 및 구름으로부터의 거리 기준을 위반하여 비행하는 행위
- 초경량 비행 장치 조종자는 항공기 또는 경량 항공기를 육안으로 식별하여 미리 피할 수 있도록 주의하여 비행하여야 한다.
- 동력을 이용하는 초경량 비행 장치 조종자는 모든 항공기, 경량 항공기 및 동력을 이용하지 아니하는 초경량 비행 장치(행글라이더, 패러글라이더, 낙하산, 기구류)에 대하여 진로를 양보하여야 한다.
- 항공 레저스포츠 사업에 종사하는 초경량 비행 장치 조종자는 다음의 사항을 준수하여야 한다.
- 비행 전에 해당 초경량 비행 장치의 이상 유무를 점검하고, 이상이 있을 경우에는 비행을 중단할 것
- 비행 전에 비행 안전을 위한 주의사항에 대하여 동승자에게 충분히 설명할 것
- 해당 초경량 비행 장치의 제작자가 정한 최대 이륙 중량을 초과하지 아니하도록 비행할 것
- 동승자에 관한 인적 사항(성명, 생년월일 및 주소)을 기록하고 유지할 것

시계상의 양호한 기상 상태

고도	공역	비행시정	구름으로부터의 거리
1. 해발 3,050m(10,000ft) 이상	B·C·D·E·F 및 G등급	8,000m	수평으로 1,500m, 수직으로 300m(1,000ft)
2. 해발 3,050m(10,000ft) 미만에서 해발 900m(3,000ft) 또는 장애물 상공 300m(1,000ft) 중 높은 고도 초과	B·C·D·E·F 및 G등급	5,000m	수평으로 1,500m, 수직으로 300m(1,000ft)
3. 해발 900m(3,000ft) 또는 장애물 상공 300m(1,000ft) 중 높은 고도 이하	B·C·D 및 E등급	5,000m	수평으로 1,500m, 수직으로 300m(1,000ft)
	F 및 G등급	5,000m	지표면 육안 식별 및 구름을 피할 수 있는 거리

비고 : 다음 각 호의 경우에는 제3호 F 및 G등급 공역의 비행시정을 1,500m까지 적용할 수 있다.
1. 우세시정(prevailing visibility) 하에서 다른 항공기나 장애물을 보고 피할 수 있을 정도의 속도로 움직이는 경우
2. 그 지역 내의 항공교통량이나 업무량이 적어 다른 항공기와 마주칠 확률이 낮은 경우
3. A등급 공역에서는 시계비행이 허용되지 않는다.

[표 16-1] 시계상의 양호한 기상 상태(제175조 관련, 항공안전법 시행 규칙[별표 24])

Chapter 17 행정 처분

항공법을 위반한 경우 위반한 사항의 경중에 따라 벌칙, 벌금, 과태료, 징역의 처분이 내려지며 처분시 경중을 따져 자격 효력 정지 및 조종증명 취소와 각 위반 행위의 사유를 고려해 행정 처분의 2분의 1의 범위 내에서 가중하거나 감경할 수 있다.

1 벌칙

사람이 현존하는 초경량 비행 장치를 항행 중에 추락 또는 전복(顚覆)시키거나 파괴한 사람은 사형, 무기징역 또는 5년 이상의 징역에 처한다.

[항공안전법 제138조](항행 중 항공기 위험 발생의 죄)

비행장, 이착륙장, 공항 시설 또는 항행 안전 시설을 파손하거나 그 밖의 방법으로 항공상의 위험을 발생시킨 사람이 현존하는 초경량 비행 장치를 항행 중에 추락 또는 전복시키거나 파괴한 사람은 사형, 무기징역 또는 5년 이상의 징역에 처한다.

[항공안전법 제138조](항행 중 항공기 위험 발생의 죄)

비행장, 이착륙장, 공항시설 또는 항행 안전 시설을 파손하거나 그 밖의 방법으로 항공상의 위험을 발생시킨 사람이 현존하는 초경량 비행 장치를 항행 중에 추락 또는 전복시키거나 파괴한 죄를 지어 사람을 사상(死傷)에 이르게 한 사람은 사형, 무기징역 또는 7년 이상의 징역에 처한다.

[항공안전법 제139조](항행 중 항공기 위험 발생으로 인한 치사·치상의 죄)

비행장, 이착륙장, 공항 시설 또는 항행 안전 시설을 파손하거나 그 밖의 방법으로 항공상의 위험을 발생시킨 사람은 10년 이하의 징역에 처한다.

[항공안전법 제140조](항공상 위험 발생 등의 죄)

과실로 항공기·경량항공기·초경량 비행 장치·비행장·이착륙장·공항 시설 또는 항행 안전 시설을 파손하거나 그 밖의 방법으로 항공상의 위험을 발생시키거나 항행 중인 항공기를 추락 또는 전복시키거나 파괴한 사람은 1년 이하의 징역 또는 1천만 원 이하의 벌금에 처한다.

[항공안전법 제149조](과실에 따른 항공상 위험 발생 등의 죄)

국토교통부장관의 이착륙장 사용의 중지에 따른 명령을 위반한 자는 1년 이하의 징역 또는 1천만 원 이하의 벌금에 처한다.

[공항시설법 제66조](명령 등의 위반 죄)

초경량 비행 장치 불법 사용이 다음의 어느 하나에 해당하는 자는 3년 이하의 징역 또는 3천만 원 이하의 벌금에 처한다.

- 주류 등의 영향으로 초경량 비행 장치를 사용하여 비행을 정상적으로 수행할 수 없는 상태에서 초경량 비행 장치를 사용하여 비행을 한 사람
- 초경량 비행 장치를 사용하여 비행하는 동안에 주류 등을 섭취하거나 사용한 사람
- 국토교통부장관의 주류 등의 측정 요구에 따르지 아니한 사람

[항공안전법 제161조](초경량 비행 장치 불법 사용 등의 죄)

초경량 비행 장치 불법 사용이 다음의 어느 하나에 해당하는 자는 1년 이하의 징역 또는 1천만 원 이하의 벌금에 처한다.

- 안전성 인증을 받지 아니한 초경량 비행 장치(안전성 인증 대상인 경우)를 사용하여 초경량 비행 장치 조종자 증명(조종 증명 대상인 경우)을 받지 아니하고 비행을 한 사람
- 등록을 하지 아니하고 항공기 대여업을 경영한 자
- 명의 대여 등의 금지를 위반한 항공기 대여업자
- 등록을 하지 아니하고 초경량 비행 장치 사용 사업을 경영한 자
- 명의 대여 등의 금지를 위반한 초경량 비행 장치 사용 사업자
- 등록을 하지 아니하고 항공 레저스포츠 사업을 경영한 자
- 명의 대여 등의 금지를 위반한 항공 레저스포츠 사업자

[항공안전법 제161조](초경량 비행 장치 불법 사용 등의 죄), 항공사업법 제78조(항공 사업자의 업무 등에 관한 죄)

사업용으로 등록하지 아니한 초경량 비행 장치를 영리 목적으로 사용한 자는 6개월 이하의 징역 또는 500만 원 이하의 벌금에 처한다.

[항공사업법 제80조](경량 항공기 등의 영리 목적 사용에 관한 죄)

초경량 비행 장치의 신고 또는 변경 신고를 하지 아니하고 비행을 한 사람은 6개월 이하의 징역 또는 500만 원 이하의 벌금에 처한다.

[항공안전법 제161조](초경량 비행 장치 불법 사용 등의 죄)

2 벌금

다음의 어느 하나에 해당하는 자는 1천만 원 이하의 벌금에 처한다.
- 국토교통부장관의 사업 개선 명령을 위반한 항공기 대여업자
- 국토교통부장관의 사업 개선 명령을 위반한 초경량 비행 장치 사용 사업자
- 국토교통부장관의 사업 개선 명령을 위반한 항공 레저스포츠 사업자

[항공사업법 제78조](항공사업자의 업무 등에 관한 죄)

초경량 비행 장치 사용 사업의 안전을 위한 국토교통부의 안전개선명령을 이행하지 아니한 초경량 비행 장치 사용 사업자는 1천만 원 이하의 벌금에 처한다.

[항공안전법 제162조](명령 위반의 죄)

초경량 비행 장치 조종자가 국토교통부장관의 허가를 받지 아니하고 무인자유기구를 비행시킨 사람은 500만 원 이하의 벌금에 처한다.

[항공안전법 제161조](초경량 비행 장치 불법 사용 등의 죄)

초경량 비행 장치 사고가 발생한 것을 알고도 정당한 사유 없이 통보를 하지 아니하거나 거짓으로 통보한 경우에는 500만 원 이하의 벌금에 처한다.

항공·철도 사고 조사에 관한 법률 제36조의2(사고발생 통보 위반의 죄), 항공안전법제158조(기장 등의 보고 의무 등의 위반에 관한 죄)

미리 국토교통부장관으로부터 비행 승인을 받아야 할 초경량 비행 장치로 국토교통부장관의 승인을 받지 아니하고 초경량 비행 장치 비행 제한 공역을 비행한 사람은 200만 원 이하의 벌금에 처한다.

[항공안전법 제161조](초경량 비행 장치 불법 사용 등의 죄)

3 과태료

다음의 어느 하나에 해당하는 자에게는 500만 원 이하의 과태료를 부과한다.
- 안전성 인증 대상인 초경량 비행 장치를 초경량 비행 장치의 비행 안전을 위한 기술상의 기준에 적합하다는 안전성 인증을 받지 아니하고 비행한 사람

- 국토교통부장관의 항공 안전 활동에 따른 보고 등을 하지 아니하거나 거짓 보고 등을 한 사람
- 국토교통부장관의 항공 안전 활동에 따른 질문에 대하여 거짓 진술을 한 사람
- 국토교통부장관의 항공 안전 활동에 따른 운항 정지, 운용 정지 또는 업무 정지를 따르지 아니한 자
- 국토교통부장관의 항공 안전 활동에 따른 시정 조치 등의 명령에 따르지 아니한 자
- 보험 또는 공제 가입 대상인 초경량 비행 장치를 보험 또는 공제에 가입하지 아니하고 초경량 비행 장치를 사용하여 비행한 자
- 준공 확인 증명서를 받기 전에 이착륙장을 사용하거나 사용허가를 받지 아니하고 이착륙장을 사용한 자
- 초경량 비행 장치 조종자 증명을 받지 아니하고 초경량 비행 장치(자격증명 대상)를 사용하여 비행을 한 자에게는 300만 원 이하의 과태료를 부과한다.

다음의 어느 하나에 해당하는 자에게는 200만 원 이하의 과태료를 부과한다.
- 초경량 비행 장치의 조종자는 초경량 비행 장치로 인하여 인명이나 재산에 피해가 발생하지 아니하도록 국토교통부령으로 정하는 준수 사항을 따르지 아니하고 초경량 비행 장치를 이용하여 비행한 사람
- 국토교통부령으로 정하는 구역 및 고도에서 국토교통부장관의 승인을 받지 아니하고 초경량 비행 장치를 이용하여 비행한 사람
- "무인 비행 장치 특별 비행을 위한 안전 기준"에 따른 무인 비행 장치로 국토교통부장관이 승인한 범위 외에서 비행한 사람

다음의 어느 하나에 해당하는 자에게는 100만 원 이하의 과태료를 부과한다.
- 신고 번호를 해당 초경량 비행 장치에 표시하지 아니하거나 거짓으로 표시한 초경량 비행 장치 소유자 등
- 국토교통부령으로 정하는 장비를 장착하거나 휴대하지 아니하고 초경량 비행 장치를 사용하여 비행을 한 자

다음의 어느 하나에 해당하는 자에게는 30만 원 이하의 과태료를 부과한다.
- 초경량 비행 장치의 말소 신고를 하지 아니한 초경량 비행 장치 소유자 등
- 초경량 비행 장치 사고에 관한 보고를 하지 아니하거나 거짓으로 보고한 초경량 비행 장치 조종자 또는 그 초경량 비행 장치 소유자 등

가 한눈에 보기 쉽게 정리한 처벌 규정

종류			장치 신고 변경 신고	신고 번호 표시	조종자 증명	조종자 준수사항
안전 관리 제도	최대 이륙 중량 2kg 초과	사업	○	○	○(250g 초과)	○
		비사업	○	○	○(250g 초과)	○
	최대 이륙 중량 2kg 이하	사업	○	○	○	○
		비사업	×	×	○(250g 초과)	○
위반 시 처벌기준		징역	6개월 또는	–	–	–
		벌금	500만 원	–	–	–
		과태료	–	100만 원	300만 원	200만 원

▲ 2021년부터 250g 초과 시 조종자 증명을 받아야 하며, 250g~2kg의 기체에 대해서는 온라인 교육 수료로 무료 증명을 받을 수 있다.

종류		안전성 인증 검사	비행 승인			
			비행 제한 공역	비행 금지 구역	관제권	고도 150m 이상
안전 관리 제도	최대 이륙 중량 25kg 초과	○	○	○	○	○
	최대 이륙 중량 25kg 이하	×	×	○	○	○
위반 시 처벌기준	징역	–	–	–	–	–
	벌금	–	200만 원	–	–	–
	과태료	500만 원	–	200만 원	200만 원	200만 원

▲ 최대 이륙 중량 25kg 초과인 경우 사업자, 비사업자 관계없이 안전성 인증검사를 받아야 한다.

위반 행위	1차 과태료	2차 과태료	3차 과태료
안전성 인증을 받지 않은 경우	250만 원	375만 원	500만 원
조종자 증명을 받지 않은 경우	150만 원	225만 원	300만 원
조종자 준수 사항을 위반한 경우	100만 원	150만 원	200만 원
신고 번호 미 표기 또는 거짓 표기한 경우	50만 원	75만 원	100만 원
국토교통부령으로 정하는 장비를 장착하지 않거나 휴대하지 않은 경우	50만 원	75만 원	100만 원
기체 말소 신고를 하지 않은 경우	15만 원	22만 5천 원	30만 원
사고를 보고하지 않거나 거짓으로 보고하는 경우	15만 원	22만 5천 원	30만 원

▲ 사고 발생 시 국토교통부 항공철도사고조사위원회에 보고해야 하며 보고 시 사고 유형, 기체 번호, 소유자 성함 및 연락처, 사고 발생 일시, 인명 사고 유무를 포함해야 한다.

Chapter 18 스트레스로 인한 결함

인적 오류(Human Error)는 기계, 시스템 등에 의해 기대되는 기능을 발휘하지 못하고 부적절하게 반응하여 효율성, 안전성, 성과 등을 감소시키는 인간의 결정이나 행동이라고 정의할 수 있다. 또한 인간의 감각기를 통해 정보전달에 기인한 의사결정, 지령에 의한 동작상태의 정상성, 적절성이 부족한 상태를 말한다.

1 인적 요인(Human Factors)과 인적 오류(Human Error)

가 인간에 대한 이해

① 인간에 대한 이해는 안전관리에 있어서 기본 중의 기본이라고 할 수 있다.
② 항공사고 중 70~80%가 부분적 또는 전체적으로 인적 요인과 관련된 사고이다.
③ 일의 중심은 바로 인간이며, 인적 요인은 시스템 안전에서 핵심이라고 볼 수 있다.
④ 인간에 의해 어떠한 오류가, 어떻게, 왜 발생하는지를 파악하는 일은 안전 관리의 성공적인 구현에 꼭 필요한 요소이다.

나 인적 요인의 정의

① 인적 요인(Human Factors)은 시스템공학의 틀 안에 통합된 인간과학을 체계적으로 적용하여 인간과 인간 활동 간의 관계성을 최적화시키는 데 관심이 있는 학문분야이다.
② 시스템 운영과 관련하여 '인간과 기계 사이에서 인간이 작업을 어떻게 수행하는지', 그리고 '행동적, 비행동적 변수들이 인간의 수행에 어떻게 영향을 미치는지'를 연구하는 학문적 분야이다.
③ 안전 효율성과 편리한 사용을 위해서 사람의 능력과 한계에 관한 지식을 생산품, 도구, 기계, 직무, 조직, 그리고 시스템을 설계하는 데 사용하는 것이다.
④ 인적 요인은 인간과 관련된 주변 요소 간의 관계성이 중요하다.

다 인적 오류의 정의

① 인적 오류(Human Error)는 어떤 기계, 시스템 등에 의해 기대되는 기능을 발휘하지 못하고 부적절하게 반응하여 효율성, 안전성, 성과 등을 감소시키는 인간의 결정이나 행동을 말한다.

② 인간의 감각기를 통한 정보 전달, 전달에 기인한 의사결정, 지령에 의한 동작상태가 정상적이지 않고, 적절함이 부족한 상태를 말한다.

라 인적 오류의 범위

① 일반적으로 기계나 시스템을 최종 조작하는 조작자의 오류만 인적 오류라고 생각할 수 있다. 하지만 설계자, 관리자, 감독자 등 시스템의 설계와 조작에 관련된 사람들도 오류를 범하고, 그에 따라 잘못된 결과가 나올 수 있다.

② 예를 들어 설계자나 제조자들이 사용자나 작업자가 실수하기 쉽거나 실수할 수밖에 없도록 설계·제조해서 사고가 났다면 이러한 사고의 근본 원인은 설계자나 제조자에 의한 인적 오류라고 할 수 있다.

마 인적 오류의 형태

1) 무선적, 체계적, 산발적 오류

① 점수판을 향해 총을 쏘았을 때 점수판을 관통한 형태에 따라 분류한 방법이다.

② 총알이 일정한 패턴으로 점수판을 통과하지 않고 여기저기 맞았을 경우 '무선적 오류'라고 한다.

③ 목표지점이 아닌 다른 지점에 집중적으로 맞는 형태는 '체계적 오류'라고 한다.

④ 대체적으로 목표지점은 맞혔지만, 때때로 다른 지점에 분산된 형태는 '산발적 오류'라고 한다.

[그림 18-1] 인적 오류의 형태

2) 누락, 실행, 대치 오류

① 가장 흔하게 발생하는 오류 중 하나는 수행해야 할 항목을 빠뜨리는 것으로, 이를 '누락 오류'라고 한다.
② 이와 반대로 '실행 오류'는 하지 않아야 할 일을 한 경우를 말하며, 습관화된 수행이 주의 깊게 다루어지지 않았을 때 나타날 수 있다.
③ 마지막으로 '대치 오류'는 필요한 행동을 했지만 이를 잘못 수행한 것을 가리킨다.
④ 비행 중에 고장난 엔진 대신 다른 엔진을 실수로 꺼버린 것과 같이 필요한 조치를 취했지만, 잘못 수행해서 발생한 실수는 큰 사고를 유발할 수도 있다.

바 인적 오류의 분류

① 인적 오류는 다양한 관점에서 분류될 수 있지만, 위크스와 홀랜즈(Wickens & Hollands, 2000)의 모델은 정보 처리 과정의 관점에서 인적 오류의 유형을 분류했다.
② 계획 단계에서 발생하는 오류는 지각과 인지 과정에서 발생하며, 이것은 목표나 상황을 잘못 인식했을 때 발생할 수 있다.
③ 이러한 오류는 기억의 한계를 초과하거나 편향에 의해 발생하여 지각의 문제와 인지적인 취약성 등을 원인으로 들 수 있다.
④ 구체적으로 착오는 '지식기반착오'와 '규칙위반착오'로 구분된다.
　㉠ 지식 기반 착오는 운영자가 다루어야 할 정보가 과도하거나 정보를 해석할 지식이 없는 경우에 발생한다.
　㉡ 규칙 기반 착오는 규정, 절차 등에 대한 착오로, 다른 상황에 적절한 규칙을 현재 상황에 잘못 적용한 경우와 잘못된 규칙을 적용한 경우로 나눌 수 있다.
⑤ 저장 단계에서 오류는 여러 과정이 연계적으로 일어나는 행동을 잊어버리고 하지 않은 형태로 발생한다.
⑥ 행동상의 실수가 아닌 무의식적인 실수라고 할 수 있고, 주요 원인은 과도한 업무 부하나 방해 등이다.
⑦ 실행 단계에서의 오류는 상황을 제대로 인식했지만, 의도한 행동과 다른 것을 한 경우이다.
⑧ 주된 원인은 반복적으로 행해지는 행동에서 벗어나거나 습관화된 동작이 주의 깊게 다루어지지 않은 것이다.

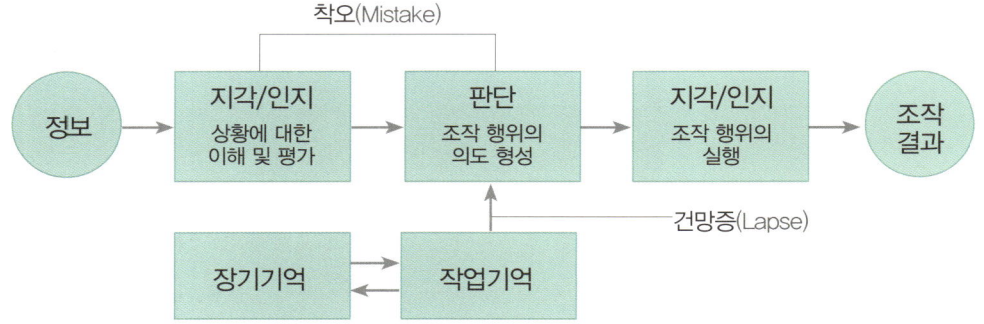

[그림 18-2] 위큰스와 홀랜즈의 인간의 정보 처리 과정

사 SHELL 모델

1983년 호킨스(Hawkins)는 에드워드(Edward)의 'SHELL 모델'을 근간으로 하여 인간과 시스템 사이의 상호작용을 통합적이고 체계적으로 나타내는 인적 요인 모델을 구성했다.

시스템 중에서 융통성과 효용성이 가장 높다. 그러나 개인에 따라 업무 수행 능력에 차이가 많으며, 제한 사항도 많다.

SHELL 모델
S-software   (법규나 절차 및 컴퓨터 프로그램 등)
H-hardware   (인간이 운영하는 모든 장치)
E-environment (환경 - 조명, 습도, 온도 등)
L-liveware   (업무에 영향을 주는 또 다른 인간)
L-liveware   (인간 - 업무를 주도적으로 수행하는 주체)

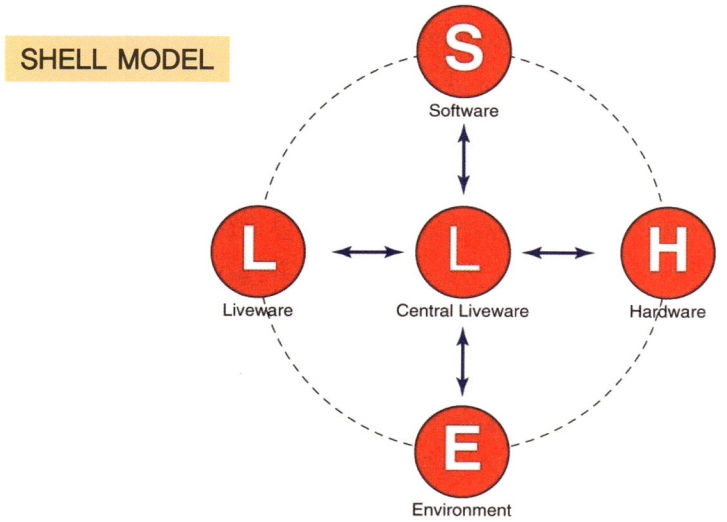

[그림 18-3] SHELL 모델 ⓒ AeroChapter

1) S-소프트웨어(Software)

소프트웨어는 인적 요소 가운데 매우 중요하다. 왜냐하면 소프트웨어가 인간과 기계, 다른 말로 드론 시스템에서 '운영절차'에 해당하기 때문이다. 운영절차에서는 인간의 본성과 심리, 그리고 행동의 특성 등을 반영하여 절차를 수립해야 한다.

특별히 기업이나 개인의 경우 운영절차를 수립하는 과정에서 철학과 방침은 매우 중요하다. 왜냐하면 그 절차를 마련하는 목적이 뚜렷해야 하며, 이 목적을 달성하기 위한 방침이 수립된 후 세부절차가 마련되어야 하기 때문이다.

2) H-하드웨어(Hardware)

항공종사자들과 관련된 하드웨어는 인간-기계장치 시스템에서와 같이 인간과 드론과의 관계에 포함되는 사항이 포함된다. 기계장치의 설계는 이를 운영하는 사람과 밀접하게 관련된다. 먼저 인간의 신체적 특징으로 크기, 모양, 그리고 힘 등을 수용할 수 있어야 하며, 인간의 행동적 특성을 알고 이를 반영해야만 하는 것이다. 조종사는 운항과 관련된 정보를 대부분 계기를 통해 습득하기 때문에 계기의 설계와 판독은 매우 중요하다. 여기에 항행을 지원하는 장비의 원리와 그 특성을 이해하는 것도 운영자와 관련된 인적 요소를 이해하는 데 도움이 된다.

3) E-환경(Environment)

인간이 통제가 가능한 것은 '자원(Resource)', 인간들이 통제할 수 없는 것은 '환경(Environment)'이라고 부른다. 항공에서는 인간이 드론을 비행하던서 새로운 환경에 노출되고, 이와 관련된 대기 구조를 포함하는 요소들이 항공 인적 요소에 포함된다.

항공에서 인간이 받아들여야만 하는 환경은 고도가 상승함에 따라 기온과 기압이 내려감으로써 발생하는 변화를 우선적으로 감당해야만 하는 것이다.

4) L-라이브웨어[36](Liveware)

항공 인적 요소를 통하여 우리가 깨닫는 것은 인간은 불완전하다는 것이다. 인간이 자극을 지각하고, 인지하며, 이를 통해 상황인식을 하고, 의사결정을 내리는 전 과정을 통해서 인간을 불완전하다고 하는 것이다. 이처럼 인간은 불완전하므로 환경에 대처하고 안전을 확보하려면 부족한 부분을 서로 보완해야 한다.

---

[36] 라이브웨어(Liveware) : 컴퓨터 하드웨어나 소프트웨어와 대조적되는 말로, 컴퓨터를 운용하는 사람들을 가리킨다.

5) L-라이브웨어(Liveware)

① 인적 오류의 측면에서 보면 SHELL 모델의 중심에 위치한 L과 관련된 인적 요인에는 성격, 태도, 동기 등이 있으며, 성격 때문에 서두르는 것은 오류를 발생시키는 요인이 된다.
② L-L 모델에서는 작업자 간의 잘못된 의사소통이나 협동 부족, 오해, 감정, 부적절한 업무 분담 등으로 인하여 오류가 발생한다.

아 인적 오류 관련 요인

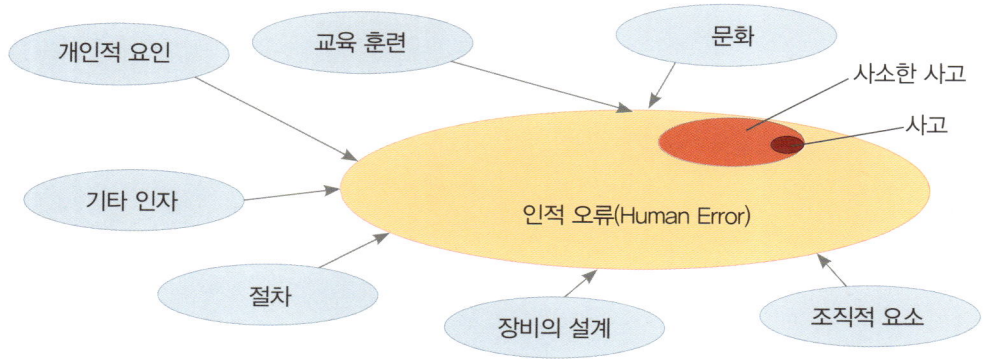

[그림 18-4] 인적 오류의 관련 요인

자 인적 요인과 인적 오류의 관계

[그림 18-5] 인적 요인과 인적 오류의 관계

차 인적 오류의 예방

① 인적 오류가 발생하지 않는 시스템을 만든다.

[그림 18-6] USS Kitty Hawk: 냉전이 한창이던 1960년에 취역한 후 48년 동안 태평양 해역을 누빈 미국 해군의 마지막 재래식(비핵추진) 항공모함

② 오류가 발생해도 심각한 오류가 발생하지 않도록 해야 한다. 시스템이 바뀌지 않으면 사람 탓을 한다.
  예) 온수기에 차단 버튼을 부착하는 경우

[그림 18-7] 온수기에 차단 버튼을 부착하는 경우

③ 비정상적인 상황이나 사고가 발생할 수 있는 경우를 예상해서 실전과 같은 훈련을 해야 한다.
  예) 비행 전 시뮬레이션 교육

[그림 18-8] 비행 전 시뮬레이션 교육

④ 회사나 모든 조직에서는 안전문화를 조성해야 한다.

⑤ 사고가 발생했어도 실수를 말할 수 있는 '안전보고제도'가 정착되어야 한다. (문제점을 파악하여 안전이 증진되도록 해야 하고, 보고자의 신원 비밀보장과 실수에 대한 면책도 함께 이루어져야 한다.)

카 인적 요인 모델

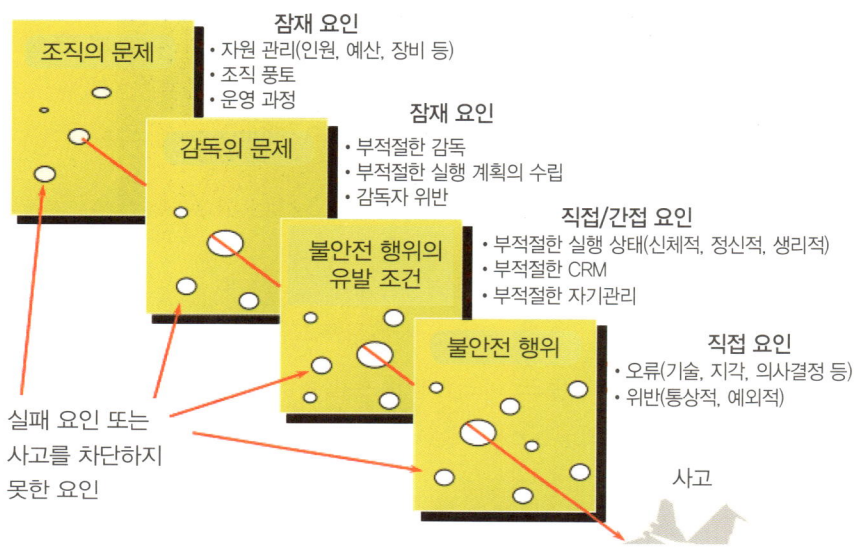

[그림 18-9] 인적 요인 모델

타 결론

① 사고 없는 환경을 만들려면 인적 요인에 대한 올바른 이해가 필요하다.

② 인적 오류가 발생해도 실수를 말할 수 있는 제도와 환경이 정착되어야 하고, 정기적인 교육과 훈련이 필요하다.

③ 인적 오류가 발생하는 주변 요인을 꾸준히 관리한다면 인적 오류를 예방할 수 있다.

2 드론과 관련된 사고 사진

[그림 18-10] 드론 추락 사고 사진

[그림 18-11] 2017년 7월 전남 장흥군 관산읍 고마리 경로당의 드론 추락 사고 사진

[그림 18-12] 2015년 이탈리아 스키 월드컵에서 드론이 추락해 선수를 덮칠 뻔한 사고 사진

Part 06 드론 관리

드론의 비행 성능을 안전하게 관리하려면 구체적이고, 실천적이며, 체계적으로 관리할 수 있어야 한다. 그리고 이를 지속적으로 점검해서 잠재적인 안전사고의 위험을 사전에 예방할 수 있는 노력이 필요하다. 또한 예상치 못한 재해로 인한 피해가 발생할 경우에도 피해가 최소화 될 수 있도록 세심하면서도 체계적인 유지 관리가 이루어져야 비행의 효율성을 높일 수 있다.

drone maintenance

Chapter 19 기체 관리

Chapter 20 배터리 관리

Chapter 21 기자재 관리

Chapter 22 비행 상태 확인

Chapter 23 정비기록부

Chapter 19 기체 관리

드론을 양호하게 보전하고 조종자의 편의와 안전을 높이려면, 일상적으로 외관을 관리하고 점검 및 정비해야 한다. 그리고 비행 후 손상된 부분을 원상복구하며 비행 상황에 따라 요구되는 개량 및 보수를 하여 기체의 노후화를 억제해야 기능을 향상시킬 수 있다.

무분별한 드론의 사용 때문에 비행 중 위험이 발생하는 상황을 줄이고, 드론을 좀 더 오랫동안 안전하게 사용하려면 비행 전후에 반드시 점검해야 한다. 그리고 비행이 끝난 후 기체를 보관할 경우에는 간단한 확인 사항을 숙지한 후 효율적인 운용과 관리를 통하여 안전하게 보관해야 한다.

일정한 주기를 가지고 드론을 반복하여 점검할 수 있도록 한다. 그리고 겉으로 드러나는 부분이나 비행 중 손상되기 쉬운 부분을 감지하여 고장의 위치 및 범위와 정도 등의 잠재적 불량 상태를 확인하기 위해 육안 검사와 각종 도구를 사용하여 각 부분을 진단하고 검사한다.

1 외관 관리

가 비행 전

① 모터와 같이 여러 가지 중요한 부품에 모래와 먼지 등 이물질이 끼어있는지 확인하고, 발견 즉시 제거한 후 깨끗이 청소한다.
② 프로펠러가 구부러지거나 마모되었는지 확인한다.
③ 짐벌 카메라와 렌즈, 외관을 항상 깨끗이 닦고 관리한다.
④ 작은 먼지와 갈라짐이 비행에 큰 영향을 줄 수 있기 때문에 주의해서 관리한다.
⑤ 프로펠러는 가장 마지막 점검 단계에 부착하고, 한 발 물러나서 프로펠러의 회전 방향을 점검한다.

나 비행 후

① 비행 전과 동일한 점검을 반복 시행한다.
② 비행 시 기체에 문제가 있었거나, 수리가 필요한 결함이 발생할 경우 이를 기록으로 남겨 보관한다.

다 정기 점검

① 비행과 관계없이 일정 기간이 되면 정기적으로 점검한다.

② 드론의 내·외부를 꼼꼼히 육안으로 검사한 후 명백한 고장 부위를 세심히 살펴본다.

③ 계통별이나 부품별로 분류하여 일정한 점검 주기에 따라 반복하여 점검해야 한다.

2 기체 검사

비행 전후 또는 장기간 보관할 때도 검사하여 고장 부위를 분해하고, 수리 또는 교체의 필요성을 판단한 후 비교하여 작동 상태를 평가한다. 평가 후에는 고장이나 사용한계치가 초과된 부품을 교체 및 설치하고, 수리 부분의 작동 상태를 확인하여 안정성을 유지한다.

가 검사 목적

① 기체의 이상 유무나 결함의 존재를 확인하여 기체의 결함 정도를 알아내는 검사를 한다.

② 기체의 상태를 확인하여 위험하다고 판단되는 결함을 미리 제거하여 수명을 연장시키고, 사고를 미리 방지하여 안전함을 확보한다.

③ 결함을 조기 발견하여 수정 및 보완해서 기체의 수명을 예측하고, 그로 인한 급속한 파손을 방지하여 경제적 관리를 할 수 있다.

나 검사 방법

① 전자 장비를 손으로 접촉할 때 정전기에 의해 전자 부품이 파손되는 것을 방지하기 위해 작업자는 정전기를 방지해야 한다.

② 육안 검사(Visual Testing)를 통해 빠르고 경제적이면서 신뢰성이 높은 검사를 시행한다.

③ 정밀한 검사가 필요한 경우 다양한 검사 장비를 활용하여 검사한다.

3 기체 부식

부식성 환경의 노출로 인하여 기체에 부식이 일어나면 기체의 수명과 안정성이 저하된다. 꾸준한 부식 방지 관리를 통하여 치명적인 부식으로 인한 기체의 구조적 특성의 변화와 이로 인한 비행 안정성 저하를 방지하여 기체의 수명을 증가시키고 보호한다.

가 부식 매개체

① 겨울철 착륙 지점 주위 동결방지제와 염산(산과 알칼리)
② 해안 지방 해면상의 대기 염분
③ 물과 대기 중 습기
④ 각종 유기물 접촉에 의한 부식

나 부식 검사

① 부식 발생의 원인을 제거하려면, 부식 발생을 돕는 각종 매개체와 드론의 구조 부재의 접촉을 막아야 한다. 그리고 접촉되었을 경우에는 빠른 시간 안에 제거하거나 최소화시켜야 한다.
② 보통 GVI(General Visual Inspection) 또는 DVI(Detailed Visual Inspection) 방법으로 점검하지만, 때로는 NDI(Non Destroy Inspection) 방법을 적용하기도 한다.
③ 부식에 노출되지는 않았지만, 징후가 있거나 예상되는 부분은 DVI를 수행 또는 분해하여 부식의 유무를 확인한다.

다 부식의 종류

① **표면 부식**: 습기가 접촉하면 표면에 까칠까칠한 녹이 생긴다.
② **점 부식**: 합금의 표면에 발생하는 일반적인 부식이며, 백색이나 회색의 생성물이 나타나고 점차 홈 안에 침전된다. 점 부식은 미리 예방하거나 찾기 힘들고, 진행이 빠르므로 위험하다.
③ **입자간 부식**: 빈틈이나 변형이 있는 곳에 생기는 부식이다. 초기 상태는 검출이 쉽지 않아 부식이 진행되면 부풀거나 박리되며, 표면에 돌기가 생기면서 얇게 벗겨진다.
④ **전해 부식**: 반응성이 큰 이물질의 접촉 때문에 발생하는 부식으로 습기와 만나서 전류가 흘러 부식이 발생한다.
⑤ **응력[37] 부식**: 일정한 응력이 걸린 상태에서 부식되기 쉬운 환경에 노출되면서 합성 효과 때문에 발생한다.
⑥ **마찰 부식**: 서로 밀착되어 작은 진동이 일어날 때 표면의 입자가 박리되고 산화되어 발생한다.

라 부식 방지 및 제거

① 보관할 때 표면에 물이나 습기에 의해 부식되는 것을 방지하기 위해 수분을 제거하여 수분

---

37 응력(Stress): 재료에 압축, 인장, 굽힘, 비틀림 등의 하중(외력)을 가했을 때 그 크기에 대응하여 재료에 생기는 저항력

이 없는 건조 상태로 만든다.

② 부식이 발생할 수 있는 곳에 보호 피막을 형성하고 표면에 얇은 막을 만들어 부식을 방지한다.

③ 부식이 발생했을 경우 화학약품을 사용하거나 사포(Sand Paper) 또는 브러시나 수세미 등을 이용하여 부식을 제거한다.

4 기체 이동

비행을 위한 장소로 이동할 경우 기체의 손상이나 파손을 방지하기 위해 고려해야 할 사항을 검토하고 이동에 적합한 방법을 알아본다. 그리고 이동할 때 기체가 움직이지 않도록 바닥과 주변의 빈 공간 등을 완전히 메워 기체의 손상을 방지한다.

가 이동

① 휴대가 간편한 전용 케이스에 넣어서 쉽게 운반할 수 있게 한다.

② 이동 중에 외부 충격으로부터 보호하기 위해 기체의 수평을 최대한 유지한다.

③ 이동할 경우 기체에서 프로펠러를 제거하여 보관한다.

④ 비행 안전성을 위해 장거리 이동할 경우 및 비행장소를 옮길 때마다 컴퍼스 캘리브레이션(Compass Calibration, 나침계 교정)을 재실행하는 것이 좋다.

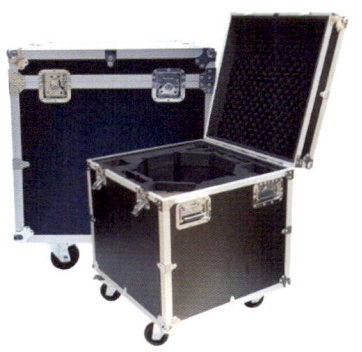

[그림 19-1] 드론 케이스와 가방

나 보관

① 기체는 건조하고, 서늘하며, 자성 물질이 없는 곳에 보관한다.

② 케이스에 보관하여 파손에 유의한다.

③ 장기간 보관할 경우 배터리를 분리하여 보관한다.

④ 직사광선을 피해 25℃ 정도의 장소에 보관한다.

Chapter 20 배터리 관리

배터리 수명을 늘이거나 최적의 성능을 발휘하는 방법은 배터리마다 차이가 있다. 먼저 사용 중인 배터리의 종류를 확인하고, 최적의 성능과 수명을 극대화하기 위해서 적절한 구입 요령과 알맞은 충전법을 확인한 후 이를 준수하여 보관하는 것이 중요하다.

배터리의 수명을 늘리는 방법은 주기적으로 관리하고 점검하는 것이다. 먼저 불필요한 전력 소모를 막기 위해 사용하지 않을 때는 방전시켜주고, 배터리를 주기적으로 관리하여 접촉 불량이 생기지 않도록 예방해 주어야 한다. 또한 기온이 높은 곳에 오랫동안 방치해두면 배터리의 수명과 발열에 악영향을 주므로 안정적인 보호와 관리가 필요하다.

1 배터리의 종류

전지는 크게 나누어 건전지처럼 방전만 되는 1차 전지와, 충전과 방전이 가능한 2차 전지가 있다. 2차 전지에는 연축전지, 니켈카드뮴(Ni-Cd), 니켈수소(Ni-MH), 리튬이온(Li-ion) 등이 있다. 리튬폴리머(Li-Po) 배터리는 같은 리튬 계열인 리튬이온 배터리에 비해서 안정성이 뛰어나고, 다양한 크기와 모양으로 제조 가능하며, 에너지 효율성이 높다.

가 2차 전지

① 2차 전지는 '충전식 전지'로 부른다. 외부 전기 에너지를 화학 에너지로 변환한 후 저장해서 재사용할 수 있게 만든 전지를 말한다.
② 높은 에너지 밀도로 동일 용량의 다른 배터리보다 무게와 부피를 소형화 할 수 있고, 환경 규제 물질을 포함하지 않은 환경 친화적인 전지이다.
③ 높은 전압으로 보통의 배터리보다 높은 출력이 가능하다.
④ 재사용이 불가능한 1차 전지와 달리 충전과 방전을 통해 500~2,000번까지 반복해서 사용할 수 있어서 더욱 경제적이고 친환경적이다.
⑤ 노트북, 휴대폰 등과 같은 휴대용 전자기기에 널리 쓰이고 있다.

	리튬이온	니켈수소	니켈카드뮴	NaS(나트륨황)	레독스	리튬폴리머
용량	크다	크다	작다	크다	크다	크다
자연 방전	거의 없다	보통	많다			
기억 효과	없다	보통	많다			
특징	• 폭발 사고 위험 존재 • 저온 방전 가능성 있음	저렴한 가격	급속 충·방전에 유리	• 무겁다. 주로 산업용에 사용 • 에너지 밀도가 적음 • 가격이 저렴한 편 • 항상 고온을 유지해야 함	• 수명 제약이 적음 • 대형화 쉬움 • 폭발 위험 없음 • 소재인 바나듐이 고가	• 가격이 비쌈 • 높은 안정성 • 가벼운 무게 • 모양 변형 가능

[표 20-1] 2차 전지의 종류

나 리튬

1) 리튬(Lithium)

① 알칼리 금속에 속하는 화학 원소로, 기호는 Li이고 원자 번호는 3이다.

② 원자 번호는 지구상에 존재하는 물질을 가장 가벼운 무게 순으로 매긴다. 따라서 원자 번호가 3이라는 것은 리튬이 이 세상에서 세 번째로 가벼운 물질이라는 뜻이다.

③ 리튬을 활용한 2차 전지는 다른 금속 이온에 비해 단위 무게당 높은 에너지 밀도로 보통의 전지(1.3~2.0V)보다 더 높은 전압(3.0V 이상)을 얻을 수 있다.

2) 리튬이온(Li-ion)

① 높은 에너지 저장 밀도로 Ni 계열 배터리에 전압이 비해 3배 높고, 성능이 뛰어나다.

② 온도 특성은 -55~85℃ 사이에서 사용 가능하며 환경을 오염시키는 중금속을 사용하지 않는다.

③ 전해질이 액체로, 누액 가능성과 폭발의 위험이 있다.

3) 리튬폴리머(Li-Po)

① 리튬 이온의 뛰어난 성능은 그대로 유지하면서 폭발 위험성이 있는 액체 전해질 대신 화학적으로 안정적인 폴리머(Polymer, 고체 또는 젤 형태의 고분자 중합체) 상태의 전해질을 사용한다.

② 다양한 형태로 설계가 가능하여 활용 분야가 넓다.

4) 그래핀(Graphene)

최근 흑연의 한 층인 그래핀(Graphene)을 리튬 배터리의 양극 보호막과 음극 소재로 사용하여 충전 용량과 충전 시간을 단축할 수 있다. 그리고 고온의 안전성까지 높인 미래 신소재를 개발하여 주목을 받고 있다.

다 니켈

1) 니켈(Nickel)
① 원자번호 28번의 원소로 화학공업에서 가장 많이 사용되는 수소화 반응의 촉매이다.
② 리튬전지가 출현되기 전까지 소형 전자기기에 사용된 2차 전지는 주로 니켈을 이용한 전지이다.
③ 보통의 니켈 계열의 2차 전지에는 메모리 효과[38]를 가지고 있다.

2) 니켈카드뮴(Ni-Cd)전지
① 양극활물질은 니켈 수산화물을, 음극활물질은 카드뮴을, 전해액은 수산화칼륨 수용액을 사용한다.
② 니켈카드뮴전지는 최근까지 가장 널리 사용하던 충전식 전지이다.
③ 전동공구, 완구, 저가의 전자제품 등에서 시장을 형성하고 있다.
④ 니켈카드뮴전지의 음극에서 사용하는 카드뮴이 공해물질이고, 완전히 방전한 후 충전해야 하는 단점 때문에 시장이 점차 축소되고 있다.

3) 니켈수소(Ni-MH)전지
① 양극활물질은 니켈 수산화물, 음극활물질은 수소저장 합금을, 전해질은 알칼리 수용액을 사용한다.
② 니켈수소전지의 전압은 1.2V이고, 전기용량은 니켈카드뮴전지보다 약 1.7배 크다.

---

38 메모리 효과(Memory Effect): 충전지가 완전히 방전되기 이전에 재충전하면 전기량이 남아 있어도 충전기가 완전 방전으로 기억(Memory)하는 효과를 가지게 되어, 최초에 가지고 있던 충전 용량보다 줄어들면서 충전지 수명이 줄어드는 현상

③ 500회 이상의 충전과 방전이 가능하고, 작은 내부저항과 함께 전압변동이 적어 대전류가 방전된다.

④ 대전류가 방전되는 특징 때문에 휴대형 전자제품에 주로 사용되어 왔다(워크맨, 디지털 카메라, 노트북 PC, 캠코더 등에서 사용).

⑤ 최근 리튬이온(Li-ion) 전지가 안정화되면서 향후 니켈수소 전지는 특수제품을 제외한 곳에서 더 이상 사용되지 않을 것으로 예상된다.

라 나트륨(Natrium)

① 나트륨(Natrium)은 원자번호 11번의 원소로, 알칼리 금속 원소의 하나이다. 무른 성질로, 은백색이며, 아주 크게 반응한다.

② 공기 중의 산소와 빠르게 반응하여 산화물을 만들며, 물과는 격렬하게 폭발적으로 반응한다.

③ 리튬의 대체재로 주목받는 원료 가운데 하나로, 리튬과 비슷한 화학적 특성을 가지고 있다. 주성분이 소금으로, 양이 풍부하여 고갈될 걱정이 없고 가격이 저렴하다.

④ 리튬에 비해 상대적으로 성능이 떨어져서 에너지 저장 밀도가 낮고, 배터리로 제작할 경우 충전과 방전 효율성이 떨어지는 단점이 있다.

⑤ 최근 나트륨이온 배터리의 음극 소재로 사용 가능한 주석황화물 나노 복합체가 개발되었다. 이에 따라 충전과 방전 효율성을 높이고, 수명과 용량을 유지하는 기술이 개발되어 기대감을 높이고 있다.

2 배터리 충전법

배터리 충전은 충전 및 충전기 전지에 에너지를 축적하는 것으로, 전류를 이용해 2차 장치에 에너지를 주입하는 동작이다. 모든 전자 장비를 돌리는 데 필요하며, 충전 및 방전 속도와 배터리의 용량을 평가할 수 있는 요소이다.

가 정전류(Constant Current) 충전법

① 전압을 변동시켜서 전류를 유지하며 설정한 전류를 초과하지 않는다.

② 충전 시간이 길지만, 충전 완료 시간을 예측할 수 있다.

③ 충전할수록 전압이 높아지고 시간을 초과하면 과충전의 위험이 있다.

④ 충전 전류는 축전지 용량의 10% 정도로 한다.

나 정전압(Constant Voltage) 충전법

① 전류를 변화시켜서 전압을 유지하며, 전압은 변하지 않는다.

② 충전 초기에 전류값이 크다는 단점이 있다(열로 인한 극판 손상).

③ 충전이 진행됨에 따라 차츰 전류가 감소하여 충전상태에 도달하면 거의 전류가 흐르지 않아 가스가 거의 발생하지 않고 충전율도 우수하다.

④ 충전 완료 시간을 예측할 수 없기 때문에 자주 충전 상태를 확인하여 과충전을 방지해야 한다.

다 충전 과정

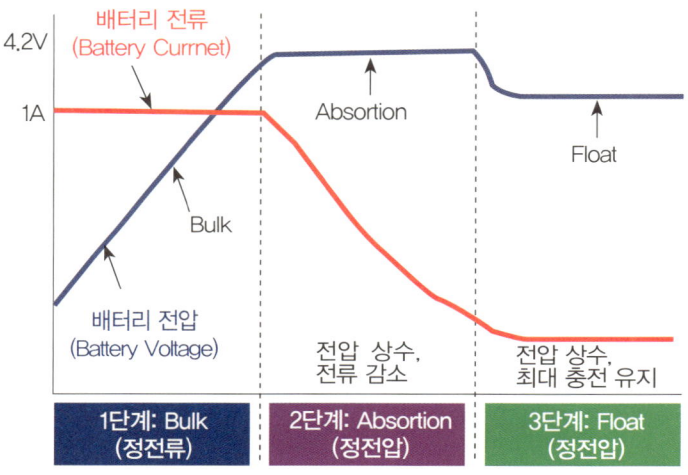

[그림 20-1] 충전 과정 (출처: http://wassap.tistory.com)

① 배터리의 충전을 시작할 때는 처음 설정된 충전전류가 동일하게 계속 흐르며, 전압은 상승하는 Bulk(정전류 방식) 충전이 진행된다.

② 배터리의 충전전압이 목표된 설정값에 도달하면, 충전기는 충전전압을 유지하며, Absorption(정전압 방식) 과정에 들어간다.

③ 배터리의 전압이 목표 값에 가까워지면 더 이상 전류가 필요 없기 때문에 전류값은 점차 떨어지며 Absorption(정전압 방식) 충전이 완료된다.

④ 미세 전류를 꾸준히 흘려주어 일정 전압을 유지 Float(정전압 방식)한다.

라 충전기 출력

① 높은 에너지 밀도의 리튬 폴리머 배터리는 전압에 신경을 써야 하므로 충전에도 특별한 방법이 필요하다.

② 충전기는 배터리에 전류를 흘려보내 충전하므로 전류의 한계치 및 충전에 필요한 전력이 충분한지도 충전기를 선택할 때 고려할 사항이다.

마 충전 속도

① 배터리를 충전할 때는 천천히 충전하는 것은 문제가 되지 않지만, 빠른 시간 동안에 강하게 충전하는 것은 배터리에 무리가 될 수 있다.

② 충전 속도는 배터리에 맞는 전류(A)와 시간당 흐르는 전류량(mAh)에 맞추어 충전하는 방법이 가장 안전하다.

바 밸런스 충전

① 밸런스 충전은 각 셀이 동일한 전압을 갖도록 충전하는 방법이다.

② 여러 개의 셀로 이루어진 리튬 폴리머 배터리는 각각의 셀이 동일한 전압을 가지도록 해야 한다.

③ 패시브 밸런싱(Passive Balancing): 충전 중 전류를 소모하여 높은 전압의 셀에서 저항(Ω)의 열로 방전하여 낮은 전압의 셀과 동일한 전압을 갖는다. 하지만 충전과 방전을 반복하기 때문에 효율성이 떨어지고 충전 시간이 길어진다.

④ 액티브 밸런싱(Active Balancing): 충전 중 전류를 이용하여 높은 전압을 가진 셀의 전류를 낮은 전압의 셀 충전에 이용하는 방식이다. 효율성은 좋지만, 구조가 복잡하고 가격이 비싼 단점이 있다.

⑤ 밸런스가 맞지 않는 배터리를 사용하면 전류가 원활히 전달되지 않아 드론의 성능을 저하시키거나 안전상의 문제가 발생할 수 있다.

사 충전 시 유의 사항

① 통풍이 잘 되는 곳에서 충전할 것

② 충전 중인 배터리에 충격을 가하지 않을 것

③ 배선을 반대로 접속하지 않을 것(역충전 주의)

④ 충전기의 접지선을 반드시 접지할 것

⑤ 화기를 가까이 하지 말고 스파크가 발생하지 않도록 할 것

⑥ 적정 온도에서 충전하여 열에 의한 배터리 손상에 주의할 것

3 배터리 구입

배터리의 선택은 안전하고 원활한 비행의 중요한 요소이다. 올바른 선택으로 기체에 무리를 줄여주거나 사고의 위험성을 낮춰야 한다.

가 구입 시 유의 사항

① 배터리 구입 시 기본 정품 배터리를 구입하여 기체의 안정성을 유지한다.

② 배터리를 추가로 구매할 경우 전압(V)은 같아야 한다. 용량(mAh)도 같거나 약간만 커야 하며, 크기와 연결 커넥터 부분도 같아야 한다.

③ 비행시간을 늘리려고 용량이 너무 큰 배터리를 사용할 경우에는 배터리의 늘어난 무게 때문에 모터에 무리를 주어 오히려 수명을 단축시킬 수 있다. 그러므로 배터리의 용량은 20~50% 범위 내에서 늘리는 것이 좋다.

나 배터리 스펙 읽기

[그림 20-2] 배터리 스펙 읽기

① 배터리 6개(6 Cell)를 직렬(Serial)로 연결했다는 것을 의미한다. 직렬로 연결하는 이유는 전압을 높여야 출력이 큰 모터를 돌릴 수 있기 때문이다. (참고로 병렬(Parallel)로 연결하면 전압은 유지하면서 용량을 높일 수 있다.)

② V는 전압을 말하며, 배터리 1개의 기본 전압(3.7V)을 직렬로 6개 연결하여 22.2V의 배터리가 된다. 전압은 속도와 힘을 결정하며 전압이 높을수록 강한 출력을 낼 수 있다.

③ 전력 소비량을 말하며, 시간당 소비하는 전기 에너지의 단위를 말한다.

④ 전류량(용량) mAh는 배터리의 용량을 말하며, 시간당 사용 가능한 전류 방전 수치이다. 22000mAh의 배터리가 있다면, 22A로 비행을 할 때 1시간을 버틸 수 있다는 것을 뜻하며, 용량이 클수록 비행시간은 향상된다.

⑤ 순간방전율(Burst)은 순간적으로 얼마나 많은 에너지를 뽑아낼 수 있는지를 말하며, 배터리의 출력과 관련이 있다. 방전율이 높으면 출력은 좋지만 배터리 수명이 짧을 수 있으며, 25C는 배터리 용량의 20배를 순간적으로 방출할 수 있다는 것을 의미한다.

4 배터리 보관

배터리를 보관할 경우 정기적인 간격으로 상태를 점검하고 유지 관리하여 배터리의 유효 수명까지 안전하게 사용할 수 있게 한다.

가 전압 유지

① 1Cell은 전체 배터리를 구성하고 있는 내부의 소형 배터리를 말한다.

② 한 개의 셀은 완충할 경우 약 4.2V의 전압이다.

③ 1Cell당 가장 적정한 전압은 3.7~3.85V 사이로, 항상 전압을 유지해야 한다.

④ 전지를 일정 부분까지 사용하지 않은 상태에서 충전과 방전을 자주 반복하면, 일시적으로 용량이 저하되거나 출력 전압이 낮아진다.

과충전 ◀── 가장 적정한 전압은 3.7~3.85V ──▶ 과방전
(4.235V 초과)　　　　　　　　　　　　　　　　(2.7V 미만)

[그림 20-3] 적정 전압 유지하기 (출처: dronestarting.com)

나 전압 균형

① 모든 셀은 처음에는 전압이 같지만, 사용과 충전을 반복하면서 각기 다른 전압을 가진다.

② 각 셀당 전압의 균형이 불안정한 상태에서 충전하면, 특정 셀에만 과전압이 가해져서 폭발의 위험성이 있다.

③ 전압의 균형이 맞지 않는 상태에서 드론을 날리면, 전압이 높은 쪽의 셀이 폭발하거나 전압이 낮은 쪽의 셀이 과방전될 수 있다.

④ 셀밸런서는 자체적인 충전 기능은 없지만, 각 셀당 전압 균형을 잡아주므로 셀밸런서를 사용하여 충전된 배터리의 전압을 조절한다. (2Cell 이상 배터리를 연결한다.)

다 보관(Storage)

① 배터리를 오랫동안 사용하지 않을 경우 가장 이상적으로 보관할 수 있는 전압(3.7~3.85V)에 맞춰 충전과 방전을 해준다.

② 리튬폴리머(Li-Po) 배터리는 온도에 매우 민감하여 주변 온도가 너무 높으면 전압이 올라 부풀거나 폭발의 위험이 있다. 반대로 너무 낮으면 전압이 내려가 사용하지 못하게 될 수 있다.

③ 보관을 위해 장시간 방전하면 전지가 굳어져서 재충전이 되지 않는 상태가 될 가능성이 높으므로 장시간의 방전은 좋지 않다.

④ 보관할 경우 가장 적정 온도인 20℃ 정도를 유지해주는 것이 좋다.

⑤ 보관 장소는 직사광선을 피하고 너무 습하지 않는 곳이 좋다. (배터리를 자동차 안이나 트렁크에 보관하는 것은 좋은 보관방법이 아니다.)

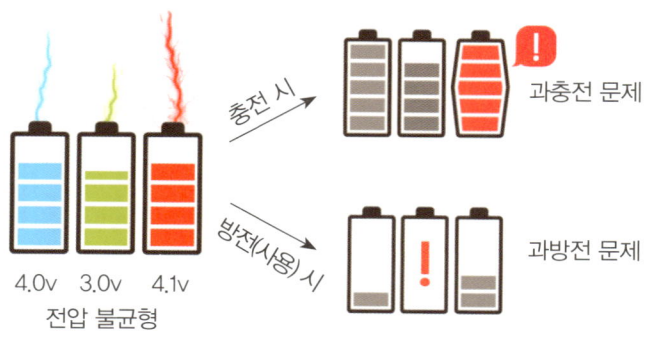

[그림 20-4] 전압 불균형 (출처: dronestarting.com)

5 사용 시 주의 사항

배터리는 사용량, 온도 등의 다양한 요소에 의해 내구성 및 수명에 영향을 준다. 손상된 배터리는 충전된 양의 전력을 기기에 충분히 공급하지 못하므로 배터리를 어떻게 취급하느냐에 따라 성능의 차이가 발생한다.

가 계절별 주의 사항

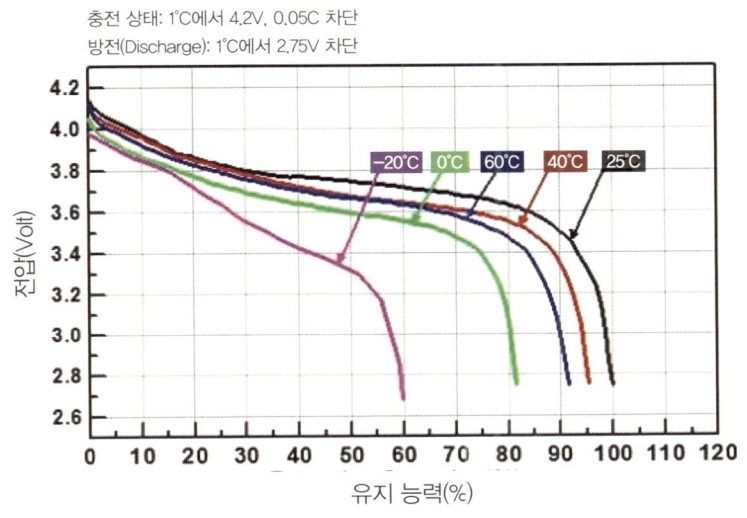

[그림 20-5] 온도별 전압

① 리튬폴리머 배터리는 온도에 민감하기 때문에 낮은 온도에서 전압과 전류가 저하되어 한계 전압 이하로 떨어진다.

② 비행 직전까지 전용 케이스에 보관하여 배터리 온도를 유지한다. (일반적인 핫팩은 철가루가 포함되어 배터리 단자에 쇼트를 일으킬 수 있으므로 배제한다.)

③ 겨울철 비행 시 온도 유지에 주의하고 배터리가 열을 발생시킬 수 있을 때까지 호버링으로 예열한다.

④ 추위에 노출된 배터리는 상온보다 적은 양의 전류를 만든다. 그래서 겨울철 갑작스러운 기동은 전류를 순간적으로 떨어뜨려서 배터리가 손상된다.

나 비행 시 주의 사항

① 포장 개봉 후 바로 날리지 않고 반드시 충전하여 사용한다.

② 드론의 프로펠러가 돌고 있는 상태에서 배터리를 제거하거나 탈착하지 않는다.

③ 출력이 약해졌다 느끼면 비행을 중지하고 충전하여 과방전을 방지한다.

④ 배터리 온도가 높으면(65℃) 즉시 착륙한다.

⑤ 비행 직후에는 온도가 매우 높기 때문에 곧바로 충전하여 사용하지 않는다.

다 기타 유의 사항

① 배터리의 (−)선부터 장탈하지 않으면 전기회로가 형성되기 때문에 스파크가 발생하는 위험이 발생한다. 그러므로 배터리를 장탈할 경우에는 (−)선부터 제거해야 하며, 장착할 경우에는 반대로 (+)선부터 연결한다.

② 충전과 방전의 반복은 작용물질이 팽창과 수축을 반복하는 사이클링에 의해 쇠약해져서 작용물질의 결합력 약화로 배터리의 수명이 단축된다.

③ 폐기할 때는 소금물에 하루 정도 담가두어 완전히 방전상태를 만든다.

④ 배터리 불량은 자칫 폭발이나 기체의 추락 사고로 이어질 수 있으므로 잘 관리하여 안전하게 사용한다.

⑤ 동작 전압의 증가는 다른 부품에 손상을 줄 수 있으므로 동력 전달 장치의 모든 부품이 적용 전압 범위에서 잘 작동하는지 확인한다.

Chapter 21 기자재 관리

정기적으로 드론을 구성하는 각종 부품에 대해 이상 유무를 점검하여 예상치 못한 결함이나 파손을 조기 발견하고, 즉시 조치하여 더 이상 파손이나 훼손되지 않도록 한다. 또한 사용상 부주의로 인한 파손과 결함이 발생하는 경우도 일상점검과 정기점검을 통하여 지속적인 점검을 실시하여 문제점이 발견되거나 예상되는 경우에는 신속하게 조치를 취한다.

각종 기자재의 올바른 선택과 관리를 통하여 청결 상태 및 취급 시 유의 사항을 숙지하고 점검하여 기자재의 활용도를 높인다. 그리고 합리적이고 효율적 관리를 도모하여 기자재 관리 요령에 의하여 관리하도록 한다.

1 프로펠러

드론에서 프로펠러는 비행에 중요한 부품요소이다. 작은 이상에도 비행에 악영향을 끼칠 수 있으므로 꼼꼼한 자가진단과 관리를 통해 안전한 비행이 될 수 있도록 노력해야 한다.

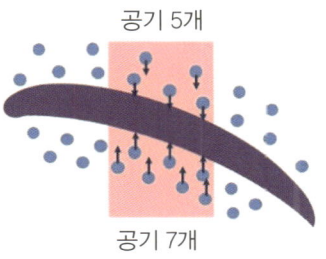

[그림 21-1] 대기 중 공기 입자

가 프로펠러 관리

① 드론에서 가장 온도가 떨어지는 부품이다. 대기 중 습도가 높은 동안 비행은 프로펠러의 위쪽이 아래쪽보다 공기가 빠르게 지나가기 때문에 대기압보다 압력이 낮아지면서 온도를 더 떨어뜨려서 비행 성능을 저하시킨다.

② 영하의 온도에서 생기는 물이나 안개 등에 의한 프로펠러 성능 저하에 더 신경을 써야 한다.

③ 초당 수백에서 수천 회 이상 회전하는 프로펠러는 공중에서 파열될 수 있기 때문에 꼼꼼히 확인하여 작은 상처나 금이 간 경우 바로 교체한다.

나 프로펠러 균형

① 촬영을 목적으로 드론을 사용할 경우 젤로현상(Jello Effect)[39]이 발생하는 경우가 많다. 이 경우 프로펠러의 균형을 잡아주는 프롭밸런싱(Prop Balancing)을 해주어야 한다.
② 프로펠러의 균형을 잡으려면 무거운 쪽은 가볍게, 가벼운 쪽은 무겁게 한다.
③ 진동이 심한 경우 용수철이나 고무와 같은 탄성체를 이용하여 프로펠러의 충격과 진동을 약하게 만들어준다.

다 기타 주의 사항

① 휘어진 프로펠러는 뜨거운 물에 담가 놓으면 원형으로 복구되기도 한다.
② 고정 나사를 돌릴 때는 잠금 방식에 따라 모터를 부여잡고 조인다.

2 모터

드론에 사용되는 브러시리스(BLDC)류의 모터는 브러시가 없어 마모되는 부분이 없다. 하지만 온도와 충격 및 적합하지 않은 속도와 토크 등 여러 가지 변수때문에 자주 고장이 발생하므로 세부적인 관리가 필요하다.

가 모터 관리

① 무리한 비행으로 인한 모터의 과부하를 피한다.
② 적절한 비행시간으로 모터의 성능을 유지한다.
③ 관련 규격에 맞는 적정 전압을 사용한다.
④ 부품을 임의로 수정 및 분해하여 사용하지 않는다.
⑤ 내부 중요 부분에 이물질의 침투와 충격 등의 손상이 가지 않도록 한다.

---

[39] 젤로현상(Jello Effect) : 고주파 진동 등으로 카메라를 좌우로 왔다 갔다 할 경우 화면의 중간이 끊어진 것처럼 보이는 현상

나 관리 시 주의 사항

① 녹이 발생할 수 있으므로 주기적 점검을 통해 모터의 축을 회전시켜준다.

② 비행 후 모터의 표면이 뜨거울 수 있으므로 신체 접촉에 주의한다.

③ 장기간 사용하지 않을 경우 덮개를 덮어 두어 습도나 수분 등의 이물질의 침입을 막는다.

④ 반복적인 시험 가동은 모터를 가열시켜 손상을 초래할 수 있으므로 시험 가동을 한다면, 과열을 방지하기 위해 충분한 시간을 두어야 한다.

3 변속기

변속기(Electronic Speed Control)는 전기적 속도 제어기로서 드론에 주로 사용되는 브러시리스(BLDC) 모터를 사용할 경우에는 반드시 사용하는 부품이다. 특히 비행 중 충돌 및 사고가 발생했을 때 모터보다 먼저 변속기가 고장날 확률이 높으므로 확실한 관리가 필요하다.

가 변속기 관리

① 핵심 부품인 변속기(Electronic Speed Control)에 방수 필름 등을 추가로 부착해서 물이나 습기로부터 안전하게 보호한다.

② 모터 출력에 맞는 규격 제품 사용으로 변속기의 내구성을 유지한다.

③ 급격한 비행으로 인한 변속기 손상을 방지하여 안전성을 높인다.

나 변속기 관리 시 주의 사항

① 비행이 불안정한 경우라면 변속기의 이상을 의심해야 한다.

② 깔끔한 배선 정리로 변속기의 발열과 노이즈를 줄인다.

③ 적당한 변속기 예열을 통해 비행할 경우 사고의 위험성을 줄인다.

Chapter 22 비행 상태 확인

철저한 점검과 정기적인 유지보수를 시행하고, 그 과정과 결과를 문서화하여 비행 전후에는 언제나 기체를 점검하는 것을 습관화해야 한다. 청결한 관리는 기체의 수명향상과 더욱 나은 비행을 위해 반드시 필요한 요소이므로 항상 비행 전과 후에 기체를 관리해야 한다.

모든 항공기는 비행 상태 확인 관련 체크리스트를 가지고 있다. 체크리스트의 목적은 드론 조종사가 비행 관련 상태 점검에 대한 표준화된 절차를 적용하여 드론을 안전하게 운영하는 것이다. 드론의 운영개념이 적용된 점검 절차는 비행체가 복잡해질수록 체크리스트의 항목 수가 증가한다. 그러므로 조종사의 운영 효율성을 고려하여 비행 상태를 확인 및 점검하는 과정이 필요하다.

1 비행 전 준비 사항

모든 조종자는 비행할 경우 안전수칙을 준수하고, 타 비행체와의 충돌을 방지해야 한다. 그리고 무인 비행장치 추락으로 인한 지상의 제3자 피해를 예방하기 위해 비행 목적에 맞는 승인과 허가가 필요하다.

가 신고 절차

① 자체 중량이 2kg 초과 또는 중량에 상관없이 모든 사업용 비행 장치는 관할 지방항공청에 신고해야 한다. (항공법 제23조 제1항)

② 초경량 비행장치 신고서를 작성하고 비행장치 소유증명 서류, 제원 및 성능표, 측면 사진, 보험가입 증명서류를 첨부하여 지방항공청에 신고해야 한다. (항공법 시행규칙 제65조)

③ 소유자는 신고 번호가 잘 보일 수 있도록 기체에 적정한 방법으로 표기해야 하며, 미표기 시 100만 원 이하의 과태료 처분 대상이다.

④ 22개 초경량 비행장치 비행 공역에서는 비행 승인 없이 비행이 가능하며, 기본적으로 그 외 지역은 비행 불가 지역이다.

⑤ 최대 이륙 중량 25kg의 드론은 관제권 및 비행 금지 공역을 제외한 지역에서는 150m 미만의 고도에서 비행 승인이 없이 비행이 가능하다.

비행 절차		최대 이륙 중량 기준					담당 기관
		250g 이하	250g 초과 2kg 이하	2kg 초과 7kg 이하	7kg 초과 25kg 이하	25kg 초과	
장치 신고	비사업	×	×	○	○	○	한국교통 안전공단 (21.1.1 시행)
	사업	○	○	○	○	○	
사업 등록		○	○	○	○	○	지방 항공청
안전성 인증		×	×	×	×	○	항공안전 기술원
조종자 증명		×	△ (4종)	△ (3종)	△ (2종)	○ (1종)	한국교통 안전공단 (21.3.1 시행)
비행 승인		△	△	△	△	○	지방 항공청 및 국방부
항공 촬영 승인		○	○	○	○	○	국방부
비행		조종자 준수 사항에 따라 비행					

구분	관할 구역	연락처
서울지방항공청	서울시, 경기도, 인천시, 강원도, 대전시, 충청남도, 충청북도, 세종시, 전라북도	항공안전과 032-740-2148
부산지방경찰청	부산시, 대구시, 울산시, 광주시, 경상남도, 경상북도, 전라남도	항공안전과 051-974-2147
제주지방항공청	제주특별자치도	안전운항과 064-797-1745

[표 22-1] 드론 운용 지침

나 비행 준비

① 조정기 및 비행체의 배터리 상태를 확인한다.

② 비행체의 외관 검사를 통해 항법 장치(GPS)와 배선 볼트, 프로펠러의 체결 상태 및 각 부위를 점검한다.

③ 이륙과 착륙할 경우 안전을 위해 5m/s 이하의 풍속에서 비행한다.

④ 태양 표면의 폭발이나 흑점 활동이 심할 경우 지구 자기장의 비정상적인 변화 때문에 각종 전기센서 계통의 문제가 발생할 수 있으므로 확인한다.

⑤ 모든 변수로 인한 문제 및 이륙 전 기체 오류를 확인 및 예방하기 위해 안전요소를 점검한다.

⑥ 안전 페이로드(Payload)[40]를 점검하기 위해 처음에는 페이로드가 없는 상태에서 사전비행을 해보는 것이 좋다.

2 비행

조종사의 정신적·생리적 안정도를 높이고, 스트레스와 피로에 의한 영향을 줄여서 객관적이고 신뢰성 높은 판단 기준을 바탕으로 돌발 상황에 대비하는 안전한 비행 가능성을 확보한다.

[그림 22-1] 전국 관제권 및 비행 금지 구역(출처: 국토교통부 〉 정책 Q&A 〉 무인비행장치(드론) 관련 제도 소개
(http://www.molit.go.kr/USR/policyTarget/m_24066/dtl.jsp?idx=584))

---

40 페이로드(Payload): 여객기의 승객, 우편, 수하물, 화물 등의 중량 합계

가 이륙(Take Off)

① 수동 모드 확인, 스로틀 및 조정 스틱 중립 유지를 확인한다(기타 모든 스위치 Off 확인).
② 비행에 전압이 적절하게 충전되었는지, 과충전이나 장기간 방치로 인해 배터리가 부풀었는지 확인한다.
③ 비행체 및 지상통제시스템 전원 인가를 실행한다(평지에 기체를 놓고 배터리 연결).
④ 비행체와 송신기 수신 상태 및 이상 유무를 확인한다(항상 기체에 먼저 전원을 넣는다.).
⑤ GPS 위성 수신 상태와 수신량을 확인한다(최소 12개 이상 시 비행 가능).
⑥ 모든 시스템 정상 작동 시 이륙 준비를 완료한다(안전거리 확보 및 비행 주변 안전 확인).
⑦ 암(Arm) 시동 시 모터의 상태를 확인한 후 이륙 및 고도를 확보한다.

나 비행체 운용

① 비행 운전자의 실수를 방지하기 위해 항시 비행체 주시 및 방향을 유지한다.
② 모든 지역에서 150m 이하의 고도를 유지한다.
③ 인구 밀집 지역 또는 사람이 많이 모인 곳의 상공을 피한다.
④ 육안으로 기체를 직접 볼 수 없을 때는 비행을 중지시키고 기체를 복귀시킨다.

다 비상 상황 및 위험 감지

① 예측 불가한 사태가 발생할 경우 안전한 착륙 위치를 파악하여 착륙한다.
② 조종기 통신이 두절되었을 경우 이륙 위치로 복귀하여 자동 착륙한다.
③ GPS 오류가 발생할 경우 위치제어가 불가능하므로 수동모드로 전환한 후 착륙한다.
④ 시스템(Flycontrol)이 배터리 부족(Low Battery)을 인식하도록 시스템을 구축하여 배터리가 부족할 경우 자동 착륙하게 한다.
⑤ 외부 물체와 추돌할 경우 비행체가 일정 각도 이상 뒤집히거나 비행 불능이 판단될 경우 2차 사고 발생 피해를 최소화하기 위해 모터 시동을 정지한다.

라 착륙(Landing)

① 착륙 위치 복귀 및 착륙 지점 스위치 조작(Return to Landing)
② 착륙 지점의 위치보정이 필요한 경우 조정기 제어를 통해 위치 보정

③ 착지 시 모터 정지대기
④ 모터 정지 확인 후 비행체 점검(모터와 변속기 발열, 프로펠러 이상 유무 등)
⑤ 비행 중 특이사항과 비행 거리 및 관찰 결과 체크

3 오류 메시지의 종류

오류 발생 시 전송되는 오류 관련 메시지를 확인하여 정확한 오류 메시지를 해석함으로써 올바른 복구 과정을 진행해 불안전한 비행을 방지한다.

가 무선 조정기 오류

- RC Not Calibrated: 무선 조종기 보정이 되지 않아 발생. 디폴트 최솟값은 1,300 이하, 최댓값은 1,700 이상 되어야 한다.

나 기압계 오류

① Baro Not Healthy: 기압계 센서가 제대로 작동하지 못하고 있어 하드웨어 오류로 분류된다.
② Alt Disparity: 기압계상 고도와 내부 내비게이션 고도가 2m 이상 차이가 날 경우 나타난다. 이 오류 메시지는 순간 오류이며, 강한 충격을 받았거나 Flight Controller가 처음 연결되었을 때 나타나기도 한다. 메시지가 없어지지 않는 경우 하드웨어 이상이거나 가속도계가 조정이 되지 않아서 나타날 수 있다.

다 나침반 오류

① Compass Not Healthy: '나침반 센서의 정상 작동이 불가하다'라는 것이며, 하드웨어 문제일 가능성이 높다.
② Compass Not Calibrated: '나침반 보정이 제대로 되지 않았다'라는 표시이다. COMPASS_OFS_X,Y,Z 매개변수는 0으로 설정되어 있거나 마지막 비행 때 쓰던 나침판과 현재 설치된 나침판이 다른 버전이어서 조정값이 안 맞는 경우이다.
③ Compass Offsets Too High: 나침반의 오프셋 수치가 500을 넘는 경우 이 현상은 금속 물질이 나침반 가까이 있을 때 나타난다. 내부 나침반만 사용중이면, 보드 위 금속이 오프셋 수치를 증가시키는 원인이지만, 나침반을 비활성화하면 문제가 되지 않는다.

④ Check Mag Field: 예상 자기장 값보다 측정값이 35% 이상이거나 이하에서 표시된다. 나침반이 제대로 조정되지 않은 경우이므로 재조정을 권유한다.

⑤ Compass Inconsistent: 내부와 외부 나침반이 다른 방향을 가리키는 경우에 표시된다 (45° 이상 오차).

라 GPS 관련 메시지

① GPS Glitch: 울타리가 설정되어 있거나 GPS가 요구되는 비행을 할 경우 GPS 오차가 발생했을 때 표시된다.

② Need 3D Fix: 울타리가 설정되어 있거나 GPS가 요구되는 비행을 할 때 GPS가 3D FIX를 획득하지 못한 경우이다.

③ Bad Velocity: 내부 내비게이션 시스템에서 측정된 속도가 초속 50Cm 이상일 때 표시된다.

④ High GPS HDOP: GPS의 HDOP(위치 오차) 값이 2.0 이상이거나 GPS 신호가 요구되는 비행 또는 울타리가 활성화된 경우에 표시된다. 이 문제는 시간을 두고 기다리거나 기동하기 좋은 환경으로 기체를 들고 움직이면 해결된다. GPS 간섭도 동시에 확인하는 것이 좋은 방법이다.

마 INS 오류 메시지(가속도계와 자이로 이상)

① INS Not Calibrated: 가속도계의 오프셋이 0으로 표시되는 경우로, 가속도계 보정이 필요하다.

② Accels Not Healthy: 가속도계 중 하나가 비정상 작동 중인 경우로, 이 문제는 하드웨어 계통 오류이며 업그레이드 후에 순간적으로 발생할 수 있다.

③ Accels Inconsistent: 가속도계 서로의 값에서 1m/s 이상의 오차가 발생하는 경우로, 하드웨어 오류이거나 가속도계 재조정이 필요하다.

④ Gyros Not Healthy: 자이로스코프 중 하나가 하드웨어 오류 때문에 비정상 작동하는 경우로, 이 현상도 펌웨어 업데이트 후 발생 가능한 문제이다.

⑤ Gyro Cal Failed: 오프셋 설정을 위한 자이로스코프 보정 실패가 원인이며, 자이로스코프 보정에서 기체가 움직인 경우 발생한다. 배터리를 분리한 후 재연결할 경우 기체가 움직이지 않도록 조심스럽게 연결하면 해결된다. 센서 이상도 하나의 원인이 될 수 있다.

⑥ Gyros Inconsistent: 2개의 자이로스코프가 기체 회전수치 초당 20° 이상 오차가 있다는 것을 의미하며, 하드웨어 오류이거나 자이로스코프 재조정이 필요하다.

바 매개변수 & 오류 메시지

① **Ch.7 & Ch.8 Opt Cannot Be Same**: 보조 기능 스위치가 같은 옵션으로 설정되어 있다.

② **Check FS_THR_VALUE**: 라디오 페일세이프 PWM 값이 스로틀 최솟값과 근접할 때 표시된다.

③ **Check ANGLE_MAX**: 기체의 최대각도를 결정하는 ANGLE_MAX 매개변수가 10° 이하이거나 80° 이상 설정된 경우이다.

사 보드 전압 오류 메시지

- **Check Board Voltage**: 기체 보드의 전압이 4.3V 이하, 5.8V 이상일 때 표시된다. USB 케이블을 통해 전원을 공급받고 있다면 컴퓨터가 일정한 전원을 공급하지 못하고 있다는 것이므로 USB 케이블을 교체한다. 배터리로 전원을 공급받고 있는 경우 전압 이상 메시지가 표시된다면 심각한 문제이므로 전원 시스템을 자세히 살펴보는 것을 추천한다.

Chapter 23 정비기록부

철저한 점검과 정기적인 유지보수를 시행하고, 그 과정과 결과를 문서화하여 비행 전후에 언제나 기체를 점검하는 것을 습관화해야 한다. 청결한 관리는 기체의 수명향상과 더 나은 비행을 위한 필수불가결한 요소로, 항상 비행 전후에 기체를 관리해야 한다.

드론 정비 일지		결재	작성	검토	승인
			/	/	/
정비 일자	20 년 월 일	정비장소			
정비자		정비자격번호			
정비내용					
현 상태 분석 및 정비 예상 품목					
조치 내용					
부품명(재고번호) / 수량					
소요 부품					
테스트 비행					
비행 일자	20 년 월 일	조종자			
비행 결과	합격 / 불합격	확인	(서명)		
특이 사항					

드론 성능·상태 점검 기록부

20 년 월 일

기체명		등록 번호		비행 시간	h m s
				계기 상태	이상 [ ]유 [ ]무
모터		변속기		FC	
GPS		조종기		영상(짐벌)	
사고 유무	[ ]유 [ ]무	구조 변경	[ ]유 [ ]무	침수 유무	[ ]유 [ ]무

주요 장치	항목	상태	세부사항
프레임	프레임 상태	[ ]양호 [ ]정비 요함 [ ]교체 요함	
	암대	[ ]양호 [ ]정비 요함 [ ]교체 요함	
	랜딩기어	[ ]양호 [ ]정비 요함 [ ]교체 요함	
	프로펠러	[ ]양호 [ ]정비 요함 [ ]교체 요함	
	배선 상태	[ ]양호 [ ]정비 요함 [ ]교체 요함	
모터	작동 상태	[ ]양호 [ ]정비 요함 [ ]교체 요함	
	고정 상태	[ ]양호 [ ]정비 요함 [ ]교체 요함	
	이물질 끼임	[ ]양호 [ ]정비 요함 [ ]교체 요함	
	배선 상태	[ ]양호 [ ]정비 요함 [ ]교체 요함	
변속기	작동 상태	[ ]양호 [ ]정비 요함 [ ]교체 요함	
	고정 상태	[ ]양호 [ ]정비 요함 [ ]교체 요함	
	배선 상태	[ ]양호 [ ]정비 요함 [ ]교체 요함	
FLY CONTROL	전파 간섭	[ ]양호 [ ]정비 요함 [ ]교체 요함	
	GYRO	[ ]양호 [ ]정비 요함 [ ]교체 요함	
	COMPASS	[ ]양호 [ ]정비 요함 [ ]교체 요함	
	AIR SPEED	[ ]양호 [ ]정비 요함 [ ]교체 요함	
	GEO FENCE	[ ]양호 [ ]정비 요함 [ ]교체 요함	
	FAIL SAFE	[ ]양호 [ ]정비 요함 [ ]교체 요함	
	TELEMETRY	[ ]양호 [ ]정비 요함 [ ]교체 요함	
	진동	[ ]양호 [ ]정비 요함 [ ]교체 요함	
GNSS	수신 상태	[ ]양호 [ ]정비 요함 [ ]교체 요함	
	고정 마운트	[ ]양호 [ ]정비 요함 [ ]교체 요함	
조종기	프레임	[ ]양호 [ ]정비 요함 [ ]교체 요함	
	수신기	[ ]양호 [ ]정비 요함 [ ]교체 요함	
	조정스틱	[ ]양호 [ ]정비 요함 [ ]교체 요함	
	디스플레이	[ ]양호 [ ]정비 요함 [ ]교체 요함	
	카메라	[ ]양호 [ ]정비 요함 [ ]교체 요함	
	영상 관련	[ ]양호 [ ]정비 요함 [ ]교체 요함	
	음파탐지	[ ]양호 [ ]정비 요함 [ ]교체 요함	
	짐벌	[ ]양호 [ ]정비 요함 [ ]교체 요함	

Part 07 드론 운용법

드론을 운용할 경우 여러 가지 환경과 조건이 따른다. 올바르지 않은 운용법은 사고를 발생하게 된다는 점에서 비행자는 비행과 관련된 숙지 사항 및 조종 방법에 대해 충분히 이해해야 한다. 또한 시스템 구조와 구성을 확실하게 인지하고 해당 상황에 맞는 운용 방법도 필요하다.

drone maintenance

Chapter 24 수동 비행 및 자동 비행

Chapter 25 지상관제시스템(GCS) 운용

Chapter 24 수동 비행 및 자동 비행

무인항공기를 운용할 때 수동 및 자동은 말 그대로 직접적으로 즉각대응이 가능한 수동 비행과 설정에 따른 편리성을 가진 자동 비행으로 운용되고 있으며, 수동 및 자동을 사용할 때 각기 다른 감각 및 이해도가 요구된다. 수동 비행은 조종기로 운용되지만 자동 비행은 GCS(Ground Control System)를 통해 운용된다.

수동 비행은 지상에서 조종기(송신기)를 직접 조종하는 일체의 비행방법이고, 자동 비행을 기체 스스로 자세, 위치, 고도 등을 제어하는 비행 방법을 말한다. 조종기나 지상제어시스템의 특정 키를 누르면 비행체가 스스로 임무를 수행한다.

1 수동 비행

가 수동 비행의 정의

① 지상에서 조종기(송신기)를 직접 조종하는 일체의 비행방법이다.
② 기종에 따라 조금씩 다르지만, 일반적으로 조종기에 따라 지원하는 조종 모드가 있다.

나 조종 모드 선택(Mode 1~4)

조종 모드는 Mode 1, Mode 2, Mode 3, Mode 4의 네 종류로 구분되며, 주로 Mode 1과 Mode 2를 사용한다(아래 그림 참조).

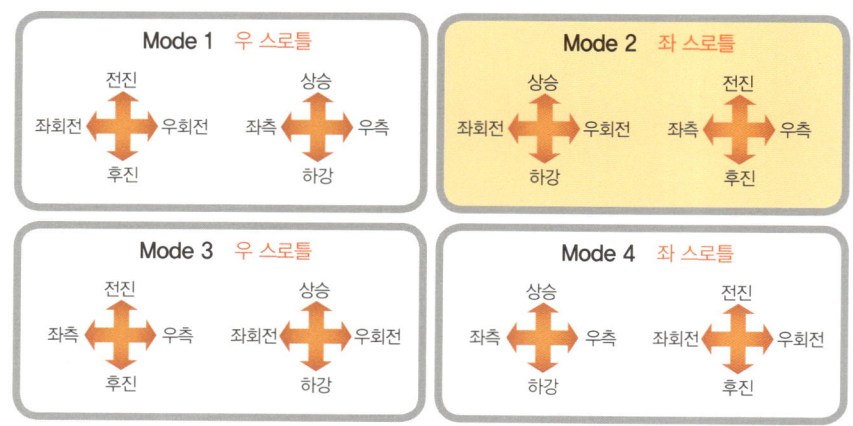

[그림 24-1] 조종 모드의 종류

다 수동 비행 조종 방법(Mode 1, Mode 2)

1) 조종 방법: Mode 1

   ① 고도 상승·하강비행(조종기 오른쪽 스틱): 스로틀(Throttle) 전후 조종
   ② 기체 좌우 선회 비행(조종기 왼쪽 스틱): 러더(Rudder) 좌우 조종
   ③ 기체 전진·후진비행(조종기 왼쪽 스틱): 엘리베이터(Elevator) 전후 조종
   ④ 기체 좌우 이동 비행(조종기 오른쪽 스틱): 에일러론(Aileron) 좌우 조종

2) 조종 방법: Mode 2

   ① 고도 상승·하강 비행(조종기 왼쪽 스틱): 스로틀(Throttle) 전후 조종
   ② 기체 좌우 선회 비행(조종기 왼쪽 스틱): 러더(Rudder) 좌우 조종
   ③ 기체 전진·후진비행(조종기 오른쪽 스틱): 엘리베이터(Elevator) 전후 조종
   ④ 기체 좌우 이동 비행(조종기 오른쪽 스틱): 에일러론(Aileron) 좌우 조종

라 수동 비행 모드 선택

① Manual 모드(수동제어 모드): 수동 모드로 사용자가 모든 것을 조종해야 하는 모드이다. '고감도'와 '저감도'로 나누어지며, 저가의 연습용 드론은 Manual 모드만 있다.
② GPS 모드(GPS 포지션제어 모드): GPS를 통해 드론의 고도와 위치를 지정할 수 있는 모드로, 조종이 가장 쉽다.
③ RTL 모드(자동귀환 모드): 이륙 전에 멀티콥터는 GPS 위성신호가 6개 이상인 상태에서 Home 위치를 저장하고, 비상 시에 RTL 모드로 변환하면 Home 위치로 되돌아와서 착륙한다.
※ GPS 모드로 비행하다가 비상시 GPS가 잡히지 않으면 Manual 모드로 비행하여 안전하게 착륙해야 한다.

마 수동 비행 준비 및 절차

1) 송신기(조종기) 확인

   ① 모든 스위치가 OFF 상태인지 확인한다.
   ② 송신기 전원을 ON한 후 배터리 전압이 정상인지 확인한다.
   ③ 조종기 스틱이 정상 작동하는지, 스틱 주변에 이물질이 끼었는지 확인한다.
   ④ 스로틀(Throttle) 스틱이 아랫부분으로 내려와 있는지 확인한다.
   ⑤ 트림이 0점으로 되어 있는지 확인한다.

[그림 24-2] 송신기(조종기): 후타바 T8FG

2) 기체 확인

① 각 암대의 고정 상태와 볼트의 조임 상태를 확인한다.

② 각 암대 모터의 온도 및 이물질의 끼임 여부 등을 확인한다.

③ 각 암대 프로펠러의 파손 상태와 회전 상태, 고정 상태를 확인한다.

④ 기체에 부착된 GPS의 방향과 고정 상태를 확인한다.

⑤ 기체에 부착된 커버, 랜딩기어, 짐벌, 카메라, 약제 통 등의 고정 상태를 확인한다.

⑥ 배터리 고정 상태와 전압 상태를 확인한다.

⑦ 비행시간을 알 수 있는 아워미터(Hour Meter)를 확인한다.

3) 조종자 확인 사항

① 먼저 비행할 위치와 장소가 항공법상 비행 가능지역인지 확인한다. ('Ready to fly' 어플을 다운로드해서 확인하면 된다.)

② 비행하기 전 전방, 좌측 및 우측, 그리고 후방의 지상지물을 확인한다.

③ 기상 상태와 풍향 및 풍속을 확인한다.

※ 'Ready to fly' 어플에서는 지구 자기장지수, 조종자 준수사항, 비행금지 구역, 관제권, 비행제한구역, 기타 여러 공역과 지역정보 및 날씨정보까지 비행에 필요한 많은 정보를 알 수 있다.

 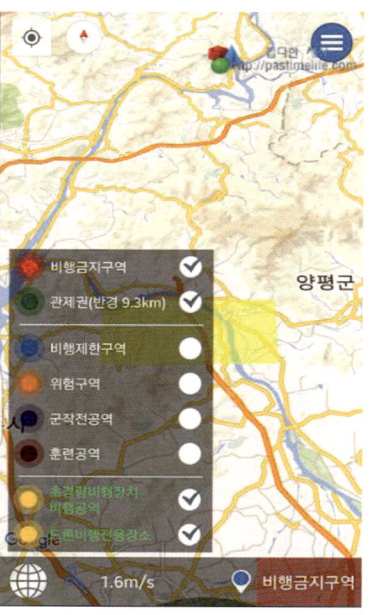

[그림 24-3] 구글플레이 – 'Ready to fly' 어플(출처: 사단법인 한국드론협회)

4) 이륙 및 착륙비행

① GPS 신호가 비행 기준(최소 10 이상)에 맞게 수신하고 있는지 확인한다. (기체의 LED 색상을 보고 판단한다.)
② 기체의 시동을 건 후 프로펠러의 회전 상태가 정상인지 확인한다.
③ 이륙하여 비행 전 조종기의 조작점검(엘리베이터, 러더, 스로틀, 에일러론)을 실시하여 기체가 조종자의 의도대로 조종되는지 확인한다.
④ 비행 중에 기체의 전압이 저전압 상태가 되면 LED 색깔이 적색으로 표시되는데, 이 경우 즉시 착륙을 해야 한다. (각 기체의 FC마다 표시되는 색상이 다르므로 비행 전에 모드별 색상과 경고등의 색상을 확인해야 한다.)
⑤ GCS 기능이 있는 모니터에서는 비행 중의 속도, 방향, 위치, 송·수신기 전압, GPS 수신 상태 등을 모두 확인할 수 있다.

5) 비행 종료

① 비행시간을 확인하고 기체의 전원을 분리한다.
② 조종기의 전원을 OFF한다.
③ 기체의 외관과 모터의 온도 및 이물질의 여부, 그리고 각 부위의 상태를 확인한다.

바 기타

일반적으로 수동 비행은 비행조종교육, 방제살포, 그리고 항공촬영을 할 때 주로 사용된다.

2 자동 비행

가 자동 비행의 정의

자동 비행이란, 조종자의 조작 없이도 드론 비행경로를 일정하게 유지되도록 제어해주는 장치나 체계를 말한다. 또한 자동 비행은 원격 제어 명령을 비행체가 제어 명령과 현재 정보를 판단하고, 조종면을 직접 구동하지 않으며, 지상제어시스템을 이용하여 비행체의 자세를 실시간으로 제어할 수 있다.

나 자동 비행 활용 분야

자동항법 비행은 주로 항공촬영, 3D 맵핑, 사진 측량, 원격 탐사, 농업용 방제, 물품 운송, 화재 현장, 군사용의 목적(정찰, 감시, 폭파) 등의 분야에 활용되고 있다.

다 자동 비행 계획(Mission Planner, QGCS)

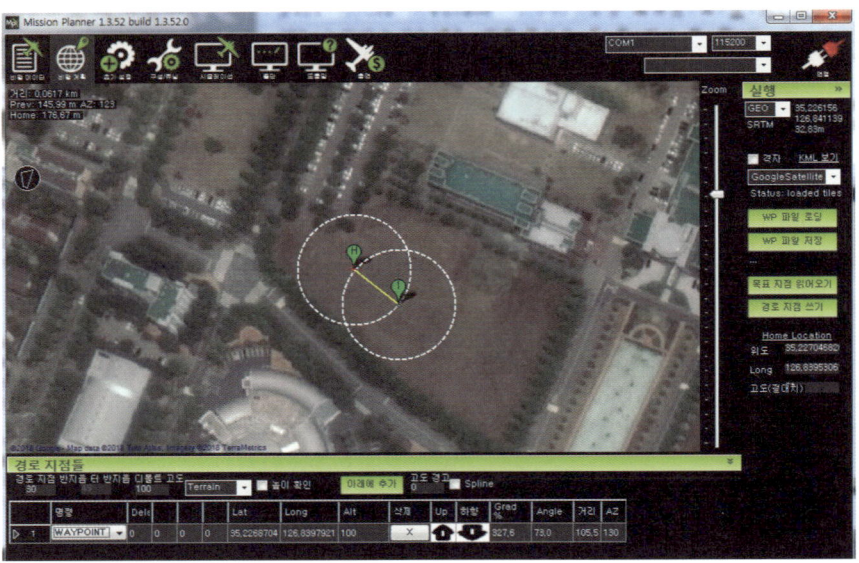

[그림 24-4] 미션플래너의 비행 계획 화면

1) 미션플래너

미션플래너(Mission Planner)는 아두이노(Arduino)[41] 기반의 이동장치에 적용되는 소프트웨어로, 마이클 오본(Michael Oborne)이 아두이노 오토파일럿 프로젝트의 일환으로 개발했다. 이때 이동장치란, 드론을 포함하여 RC헬기나 RC카 등을 의미한다. 미션플래너를 통해 장치설정, 웨이포인트 주행 및 비행, 주행 및 비행 시뮬레이션 등이 가능하고, 오픈 소스 소프트웨어로 사용이 무료이며, 사용자 마음대로 개발이 가능하여 많이 사용되고 있다.

(1) 웨이포인트 및 미션 계획

① 홈 위치 설정하기

홈 포인트는 기체가 이륙하는 지점을 홈 포인트로 인식하며, 'Set Home Here' 옵션을 통해 임의로 홈 포인트 설정이 가능하다. (RTL을 실행하면 이륙 장소로 되돌아가서 착륙한다.)

② 웨이포인트 지정

---

[41] 아두이노(Arduino): 물리적인 세계를 감지하고 제어할 수 있는 인터랙티브 객체들과 디지털 장치를 만들기 위한 도구로, 간단한 마이크로컨트롤러(Microcontroller) 보드를 기반으로 한 오픈 소스 컴퓨팅 플랫폼과 소프트웨어 개발 환경을 말한다.

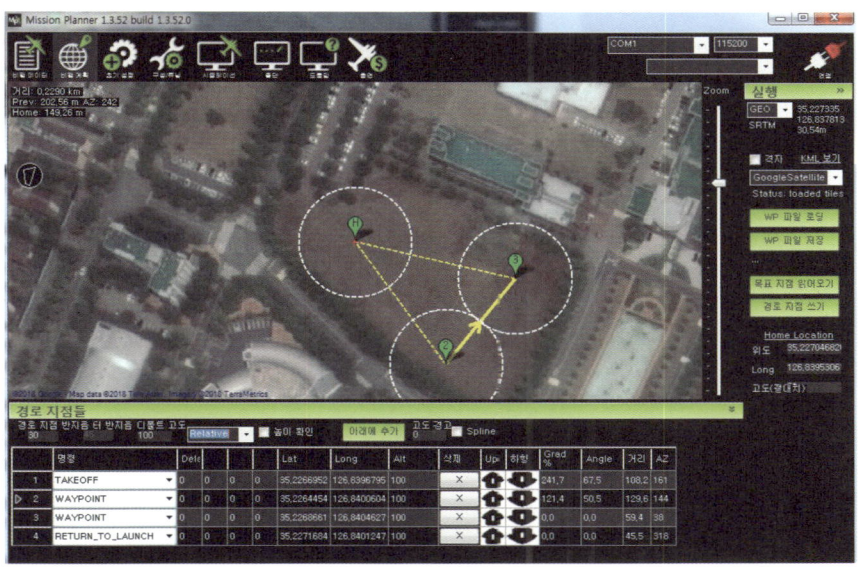

[그림 24-5] 웨이포인트 지정

비행계획에 맞는 웨이포인트 지점을 지정할 수 있으며, Delay로 대기설정(초 단위)이 가능하다. 고도는 이륙고도, 홈 위치와 관련이 있고 고도는 Alt에서 수정할 수 있다.

③ 자동 비행경로 설정하기

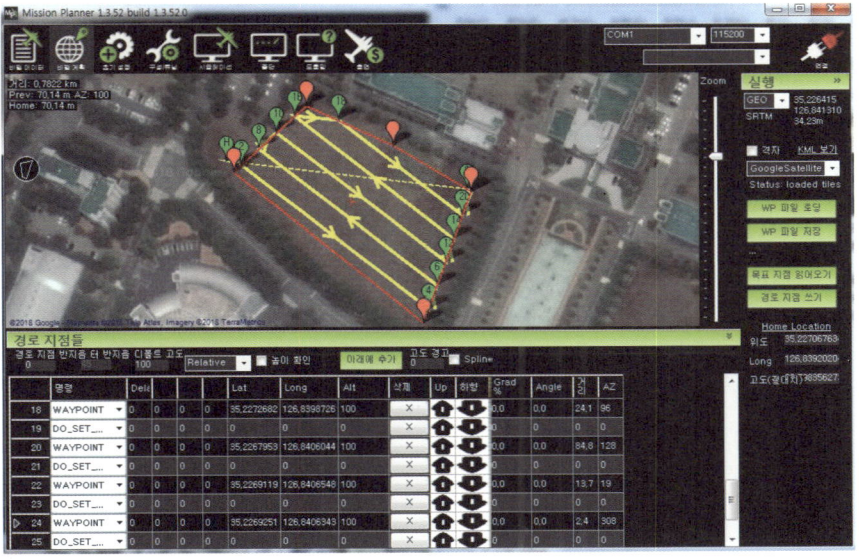

[그림 24-6] 자동 비행 경로 설정하기

미션플래너를 사용하여 자동 비행 경로를 생성할 수 있다. 마우스 오른쪽 버튼을 클릭하면 나타나는 바로 가기 메뉴에서 [다각형]을 선택하고 맵핑할 영역 주위에 구역을

Chapter 24 수동 비행 및 자동 비행 | 213

지정할 수 있다. 그리고 마우스 오른쪽 버튼을 클릭하여 [Auto WP] → [Grid]를 선택한 후 고도와 간격을 설정한다.

(2) 미션 임무 명령 목록

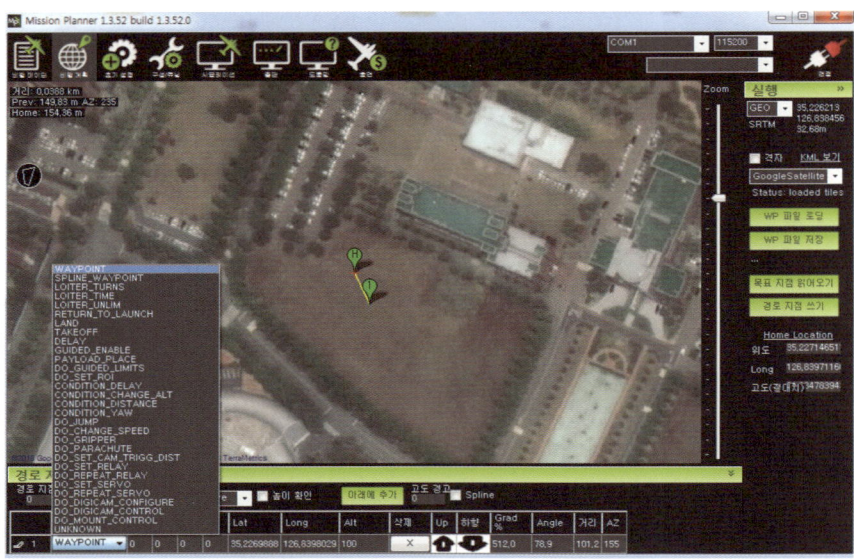

[그림 24-7] 명령 목록 화면

① 웨이포인트(Waypoint)

㉠ 기체는 위도, 경도 및 고도로 지정된 위치로 직선 비행을 한다.

㉡ 지연(Delay): 다음 명령으로 진행하기 전에 중간지점에서 대기하는 시간(초)

㉢ Lat, Lon: 위도 및 경도를 설정할 수 있으며, 0으로 남겨두면 현재 위치가 유지된다.

㉣ Alt: Home의 표적 고도(미터)를 0으로 남겨두면, 현재 고도가 유지된다.

② 스플라인 웨이포인트(Spline Waypoint): AC3.2 이상에서는 스플라인 웨이포인트가 지원된다. 스플라인 명령은 모든 일반인 수(Lat, Lon, Alt, Delay)와 동일한 인수를 사용하지만, 실행될 때 기체는 직선 대신 부드러운 경로(수직 및 수평)를 비행한다.

③ Loiter-Time: 기체는 지정된 위치로 지정된 시간(초) 동안 비행한 후 대기한다.

④ Loiter-Turns: 기체는 지정된 위도, 경도 및 고도(미터)를 중심으로 원을 그린다. 원의 반경은 CIRCLE RADIUS 매개변수에 의해 제어된다.

⑤ Loiter-Unlimited: 기체는 지정된 위치에서 무기한으로 날아간 후 대기한다.

⑥ Return to Launch: 매개변수의 지정된 고도(기본값 15m)로 올라가서 Home 위치로 복귀한다.

⑦ **Land**: 기체는 현재 위치 또는 제공된 위도 및 경도 좌표로 착륙한다.

⑧ **Delay**: 지정된 시간(초)이 경과하거나 절대 시간에 도달할 때까지 기체는 현재 위치에 있다.

⑨ **Do-Jump**: 임무를 수행하기 전에 지정된 횟수만큼 건너뛰어서 임무를 수행한다.

⑩ **Do-Change-Speed**

㉠ 기체의 목표 수평 속도(미터/초)를 변경한다.

㉡ Speed m/s: 원하는 최대속도(미터/초)

2) QGCS

QGCS는 미션플래너와 같이 아두이노 기반의 이동장치에 적용되는 소프트웨어이다. 개발자가 마이클 오본(Michael Oborne)으로 같고 미션플래너와 기능이 비슷하다. Ardupilot 또는 PX4 펌웨어가 장착되어 있는 드론, RC카에 대한 전체·주 비행을 제어한다.

미션플래너와는 PC 화면에서 원하는 기능을 보조 모니터의 팝업 창으로 띄워 한눈에 볼 수 있다는 것이 다르다.

(1) 지오펜스(GeoFence)

[그림 24-8] 지오펜스 설정 화면

① 지오펜스를 사용하면 비행하려는 지역 주변에 가상 울타리를 만들 수 있다. 그리고 해당 지역 바깥으로 날아가면 특정 작업을 수행하도록 구성할 수 있다.

② 모든 기체 펌웨어가 지오펜스를 지원하는 것은 아니고, 지오펜스 기능이 지원되는 경우에만 지오펜스를 사용할 수 있다.

(2) 랠리포인트(Rally Points)

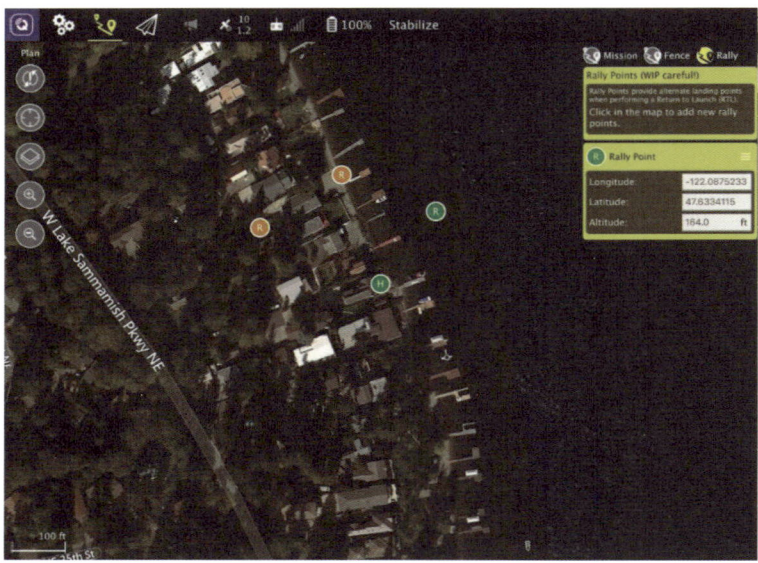

[그림 24-9] 랠리포인트 설정 화면

① 랠리포인트는 대체 착륙 지점을 말한다.

② 일반적으로 RTL(Return To Launch) 모드의 홈 위치보다 안전하고 편리한 위치일 때 사용된다.

(3) 측량(Survey)

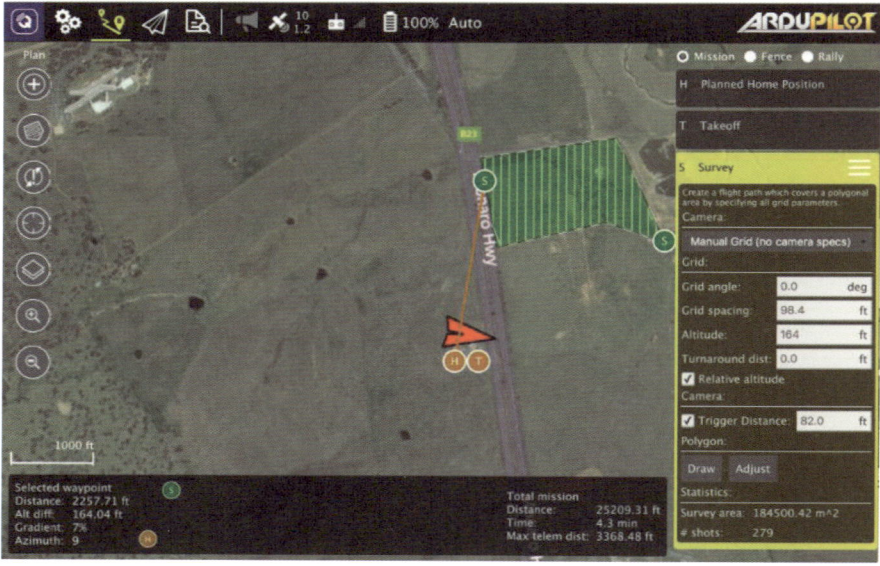

[그림 24-10] 측량 설정 화면

① 측량을 통해 다각형 영역에 그리드 패턴을 만들 수 있다.

② 지오태깅(Geotagging)[42] 이미지를 만들기에 적합한 그리드 및 카메라 설정 사양뿐만 아니라 폴리곤을 지정할 수 있다.

③ 측량을 위해 다각형을 그리려면 [그리기] 버튼을 클릭하고 다각형 정점을 설정한다.

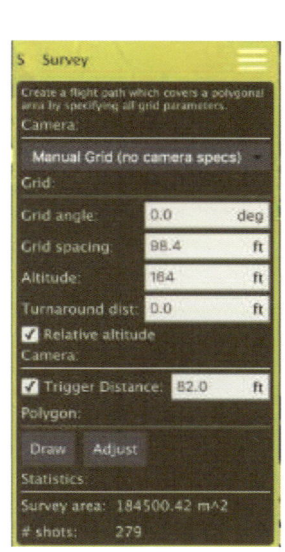 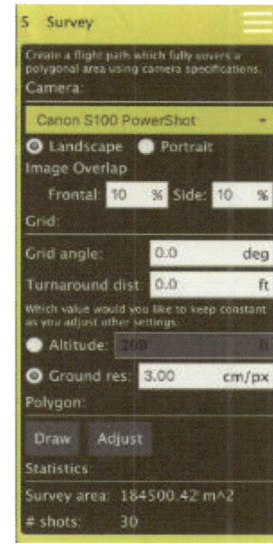 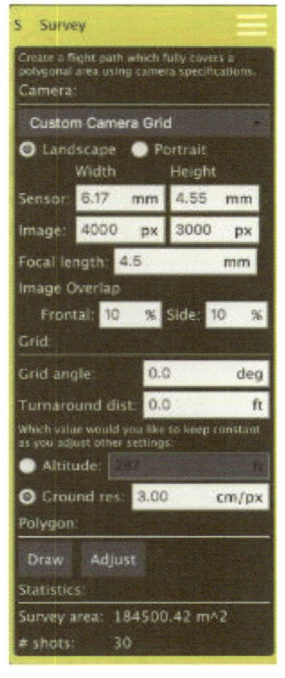

[그림 24-11] 수동 그리드 설정 화면   [그림 24-12] 카메라 설정 화면   [그림 24-13] 카메라 설정 화면

(4) 수동 그리드: [그림 24-11]

① 수동 그리드 옵션을 사용하면 다각형 위에 그리드 패턴을 생성하기 위한 모든 값을 직접 지정할 수 있다.

② 그리드 값: 그리드의 평행한 비행 트랙에 대한 각도이다. 예를 들어 0°는 남북을 비행하는 평행선을 생성한다.

③ 격자 간격: 각 평행 비행 트랙 사이의 거리이다.

④ 고도(Altitude): 전체 눈금 패턴을 비행하는 고도이다.

⑤ 턴어라운드 거리: 다음 비행 트랙을 위해 턴어라운드를 수행하기 전에 다각형의 가장자리를 지나 추가로 이동할 거리이다.

---

[42] 지오태깅(Geotagging): 지상 사진이나 비디오 등을 이용한 다양한 미디어에 지리적 위치를 알 수 있는 메타데이터를 추가하는 것이다.

⑥ 트리거 거리: 비행거리를 기준으로 카메라가 촬영한 이미지를 트리거하는 데 사용한다.

(5) 카메라: [그림 24-12]

① 옵션 드롭다운에서 알려진 카메라를 선택하면 카메라의 사양에 따라 격자패턴을 생성할 수 있다.

② 가로/세로: 카메라가 차량에 놓이는 방향을 지정한다.

③ 이미지 오버랩: 각 이미지 사이에 원하는 오버랩의 양을 지정할 수 있다.

④ 고도: 이 값을 선택하면 측량의 고도를 지정할 수 있으며, 지상 해상도가 계산되어 지정된 고도에 표시된다.

⑤ 지상 해상도: 이 값을 선택하면 각 이미지에 대해 원하는 지상 해상도를 지정할 수 있다. 이 해상도를 달성하는 데 필요한 고도가 계산되고 표시된다.

(6) 맞춤 카메라: [그림 24-13]

① 사용자 정의 카메라 옵션은 알려진 카메라 옵션과 유사하다. 차이점은 카메라 사양에 대한 세부사항을 직접 지정해야 한다는 것이다.

② 센서 너비/높이: 카메라 이미지 센서의 크기이다.

③ 이미지 너비/높이: 카메라로 캡처한 이미지의 해상도이다.

④ 초점거리: 카메라 렌즈의 초점거리이다.

(7) 구조 스캔(Structure Scan): [그림 24-14]

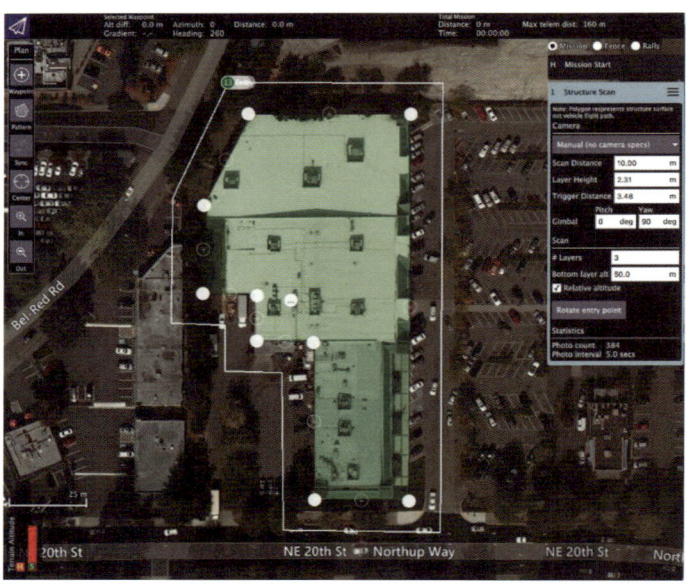

[그림 24-14] 구조 스캔 설정 화면

① 구조 스캔은 수직 표면을 통해 이미지를 캡처하는 그리드 비행패턴을 만들 수 있다. 일반적으로 시각적 또는 구조물의 3D 모델 생성에 구조스캔을 사용한다.

② 구조 스캔은 패턴 도구에서 임무를 설정할 수 있다. 이 기능은 PX4와 Ardupilot 모두에서 새로운 펌웨어 지원이 필요하다.

③ 다이어그램에서 녹색은 구조를 나타내는 다각형을 표시하는 데 사용된다. 흰색에서는 기체의 비행 경로를 볼 수 있으며, 중심도구를 사용하여 다각형을 원으로 변경하여 원형 구조 스캔을 전송할 수 있다.

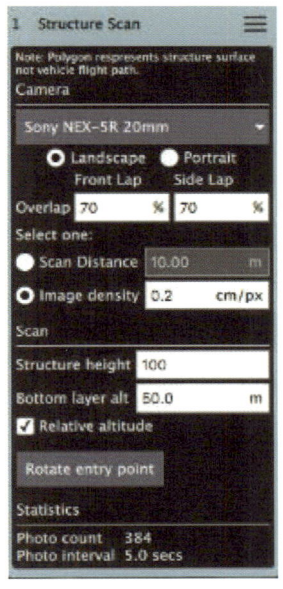 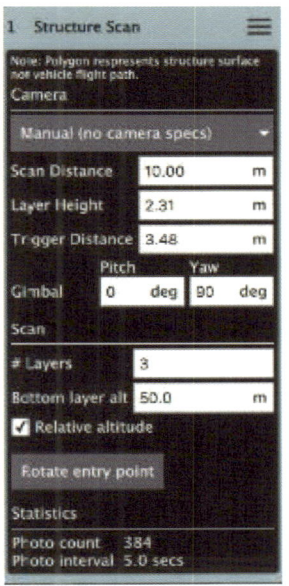

[그림 24-15] 카메라 기반 스캔 설정 화면   [그림 24-16] 수동 스캔 설정 화면

(8) 카메라 기반 스캔: [그림 24-15]

① 카메라 기반 스캔의 설정은 기체의 카메라 사양을 기반으로 할 수 있다. 이 옵션을 사용하여 구조화면의 이미지 해상도를 지정할 수 있고, 목록에서 카메라를 선택하거나 사용자 정의 카메라를 선택하여 자신의 카메라 사양을 지정하면 된다.

② 카메라 기반 스캔의 경우 카메라는 항상 이미지를 캡처하는 표면에 직접 직각으로 향한다.

(9) 수동 스캔 설정: [그림 24-16]

① 수동 스캔을 사용하면 구조물과 관련된 다양한 거리와 높이를 직접 지정할 수 있고, 수동검사 목록에서 수동으로 선택한다.

② 스캔 거리: 구조에서 날아갈 거리

③ Bottom Layer Alt: 첫 번째 레이어의 아래쪽 고도

④ Layer Height: 각 후속 레이어의 높이

⑤ 레이어: 생성할 레이어 수

⑥ 트리거: 각 카메라 트리거 사이의 거리

⑦ Gimbal: 스캔에 사용할 짐벌 각도

라 애플리케이션(Tower Beta, QGroundControl)

'Tower Beta' 앱은 안드로이드 전용으로 사용되고, 'QGroundControl' 앱은 안드로이드와 아이폰(IOS)에서 모두 지원된다.

[그림 24-17] 구글플레이 – 'Tower Beta', 'QGroundControl' 앱

1) 연결 방식

① Bluetooth   ② USB(Telemetry)   ③ TCP   ④ UDP

2) 비행 계획(Tower 기준)

① Waypoint   ② Spline waypoint   ③ Circle

④ Land   ⑤ Region of interest   ⑥ Structure scanner

Chapter 25 지상관제시스템(GCS) 운용

GCS(Ground Control Syetem), 즉 지상관제시스템을 의미 하며 여러 가지 형태로 비행에 대한 정보 및 기체에 대한 정보와 상황을 보여준다. 무인항공기를 운용하는 데 중요한 사항으로 현재 제어 및 정보수집으로 많이 사용되고 있으며, 관제장비에 대한 이해가 필요하다.

1 지상관제시스템(GCS)

가 지상관제시스템(GCS)의 정의

지상관제시스템은 드론과 지상 간의 무선 통신을 하면서 드론을 운용하기 위한 시스템이다. 이 시스템은 드론에 대한 자세, 위치, 상태의 수신 및 가시화와 드론의 운용을 위한 조종 명령 및 임무전송 등의 기능을 수행한다.

나 운용 개념

드론 시스템은 크게 '비행체', '데이터링크', '지상통제 장비'로 구분된다. 비행체는 데이터링크를 통해 조종 및 감지기 조종 명령을 수신받은 후 제어부를 통해 비행체와 감지기를 제어하고, 데이터링크를 통해 응답값(상태 데이터 및 정찰 영상)을 지상통제 장비로 송신한다. 지상통제 장비는 비행체의 센서 및 조종계통을 C2(Command and Control)로 통제하고, 비행체가 임무 지역에서 획득한 정찰 영상과 임무 정보를 획득하여 유·무선 통신망을 이용하여 전파한다.

다 드론 지상 관제 장비의 기능

① 지도를 맵핑(Mapping)한 후 직관적인 인터페이스를 통해 사용자가 실시간으로 무인드론의 위치를 쉽게 확인할 수 있다.
② 자동귀환시스템을 사용하여 배터리가 부족하거나 통신이 단절된 경우 사용자가 지정한 홈으로 자동으로 되돌아온다.
③ 마우스, 키보드와 조이스틱 세 가지를 이용하여 드론을 쉽게 조종할 수 있다.
④ 자동 비행을 통하여 사용자의 시각 범위를 넘어서는 비행을 할 수 있다.

⑤ 사용자가 경로와 고도를 지정하면, 그 경로를 따라서 비행하고, 이륙과 착륙도 지정한 장소에서 자동으로 진행된다.
⑥ 이동했던 경로를 메모리에 저장할 수 있는 기능 등 다양한 기능을 제공한다.
⑦ 지상관제시스템은 지붕이나 별도의 차량, 컨테이너 또는 건물에 설치되어 위성 또는 장거리 통신을 한다.
⑧ 핸드폰 애플리케이션이나 노트북에서 작동하는 휴대용 지상통제시스템이 대중화되어 있다.
⑨ 지상관제시스템은 LTE 통신제어를 통해 드론제어 및 자동 이·착륙과 데이터 회수 없는 실시간 감시 영상과 데이터 전송을 처리할 수 있다.

라 시스템의 구조

① 지금까지 사용자가 단순히 지상 통제 시스템을 이용하여 단일 드론과 일대일로 데이터를 수신하고 임무를 송신하던 조종사의 개념에서, 하나의 지상통제시스템으로 다수의 드론에 대한 모든 정보를 관찰한다. 그리고 각각 개별적인 임무 명령을 전달할 수 있는 관리자의 개념으로 확장되어야 한다.
② 기존의 단일 드론의 운용을 위한 구조를 다수 드론의 운용에 적용한다면, 항공기의 안정성과 전체 시스템의 효율성에 대한 요구를 만족시킬 수 없다. 운용의 핵심은 다수의 드론이 상호 독립적이 아닌 유기적 관계를 유지하며 임무를 수행하는 데 있다. 일대일 대응 시스템에서는 자신이 담당하고 있는 드론에 대해서만 제한적으로 정보 수신 및 임무 전달이 가능하기 때문에 편대비행과 같은 임무를 계획하거나 임무 수행에 대한 확인이 쉽지 않다. 또한 지상통제시스템이나 무선 통신용 모뎀에 고장이 발생했을 경우 특정 드론은 운용자의 통제권을 이탈한다.
③ [그림 21-1]과 같은 다중구조는 운용하는 모든 항공기에 대해 정보 수신이 가능하지만, 고장 발생에 취약한 단점이 있는데, 이것을 보완한 방법이 [그림 19]이다. 호스트 장비를 이용하여 각각의 지상통제시스템에서 모든 항공기의 정보를 수신할 수 있고, 고장 발생에 대해서도 대처할 수 있다.

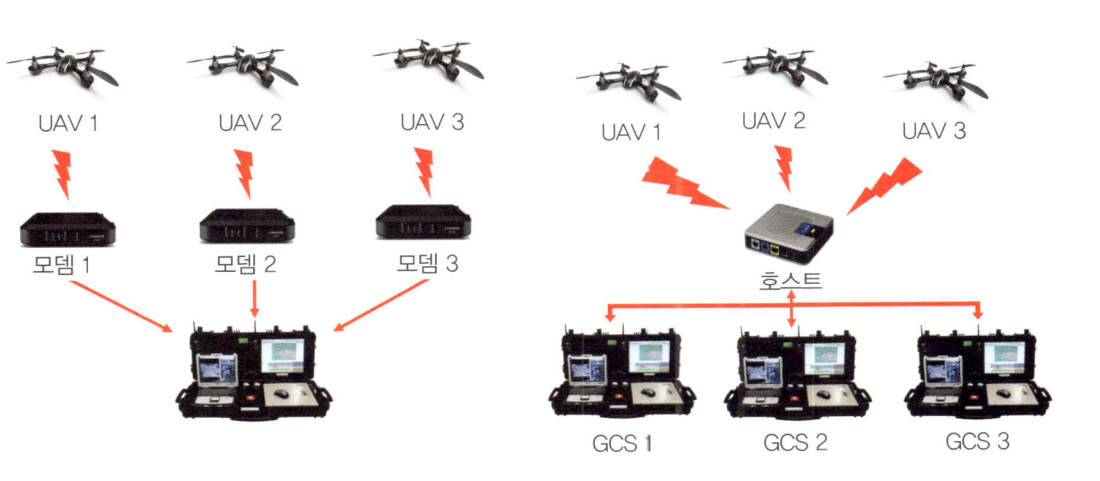

[그림 25-1] 다중 구조

[그림 25-2] 호스트의 사용 구조

2 시스템의 구성

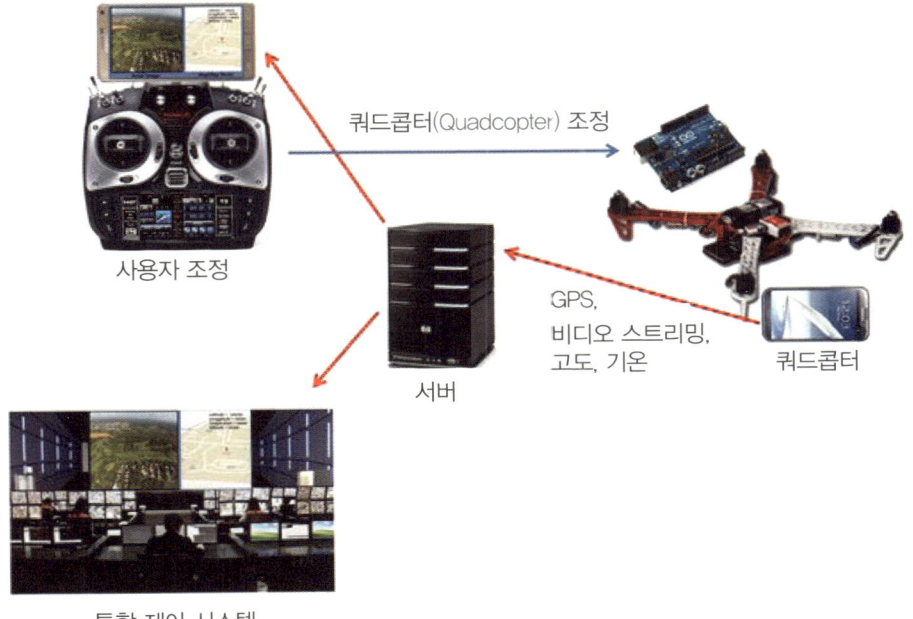

[그림 25-3] GCS 시스템의 구성

가 GCS(Ground Control System)

① 아두이노 보드에 연결된 무선 수신기를 사용하여 User Control로 드론을 제어하고, User Control이 장착된 안드로이드 단말기를 통해 드론에 상태 정보를 확인한다.

② 드론에 장착된 안드로이드 단말기는 항공 영상, GPS 값, 드론 FC의 상태 정보를 중계 서버로 송신하고, 송신기에 부착된 단말기로 데이터를 전송한다.

③ Integration Control System에서는 Server를 통해 드론의 위치 정보를 살펴보고, 드론에 장착된 카메라를 통해 영상 정보를 확인한다.

나 픽스호크(Pixhawk)

① 픽스호크(Pixhawk)는 저렴한 비용과 높은 가용성 때문에 많은 사람들이 사용하고 있는 오토파일럿 하드웨어이다. 리눅스 기반의 오픈 소스로 소프트웨어가 이루어져 있어 개발자의 사용방법에 따라 직접 수정할 수 있다.

② 픽스호크는 MAVLINK[43] 프로토콜을 사용하여 지상통제시스템과 통신한다.

다 DSP(Digital Signal Processor)

① DSP는 아날로그 데이터를 디지털로 바꿔 고속처리하는 다양한 신호처리 및 고속연산에 유리하도록 제작된 프로세서이다. 영상처리나 복잡한 실시간 제어에 필요한 마이크로프로세서의 빠른 연산속도를 활용하기 위해서 활용된다.

② 지상통제시스템과의 통신을 위한 프로토콜[44]을 카이스트에서 설계한 ICD 프로토콜을 사용했다.

---

43 MAVLINK: UAV 명령 표준 프로토콜(규격만 맞추면 사용자가 원하는 명령을 내릴 수 있다.)
44 프로토콜: 복수의 컴퓨터 사이나 중앙 컴퓨터와 단말기 사이에서 데이터 통신을 원활하게 하기 위해 필요한 통신규약. 신호 송신의 순서, 데이터의 표현법, 오류(誤謬) 검출법 등을 정한다.

3 지상관제시스템(GCS)의 종류 및 운용 방법

가 미션플래너(Mission Planner)

1) 운용 방법 및 기능

[그림 25-4] PC와 Telemetry 연결 사진

① 기체와 PC는 Telemetry Radios나 TCP/IP 주소로 연결하는 방법이 있다.

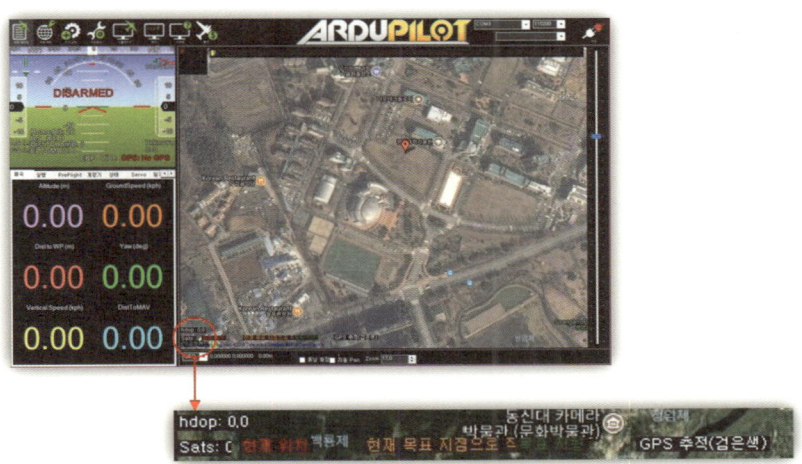

[그림 25-5] 미션플래너의 메인화면

② [그림 25-5]의 HDOP는 'Horizonal Dilution Of Precision'의 약자로, '수평좌표의 위치 정밀도를 방해하는 정도: 수평위치 정밀도 저하율'이라고 할 수 있다. 물론 그 수치가 적을수록 위치 좌표의 정확성은 높아진다.

③ 비행 계획을 수립할 경우 HDOP는 2.5 이하로 될 때를 기준으로 하고, GPS를 통해 위치를 판단할 경우 오차범위는 10~15m 정도 생길 수 있다.

2) 비행 데이터 화면

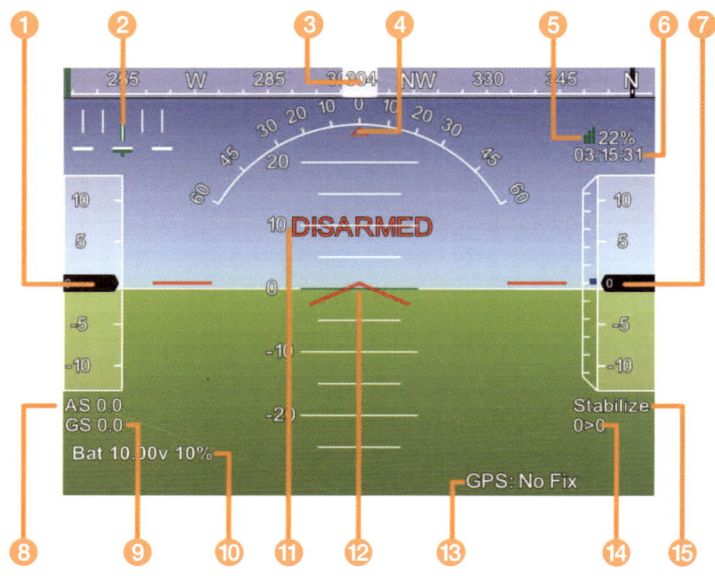

[그림 25-6] 비행 데이터 화면

① 공기 속도(속도 센서가 장착되지 않은 경우의 지상 속도)

② 크로스 트랙 오류 및 선회율(T)

③ Heading 방향

④ Bank angle(경사각)

⑤ 무선 원격 측정 장치 수신율

⑥ GPS time

⑦ 고도(파란색 막대는 오르막 속도)

⑧ Air Speed(대기 속도, 항공기의 속도)

⑨ Ground Speed(대지 속도)

⑩ 배터리 상태

⑪ Artificial Horizon(비행기의 자세, 인공 수평의, 자이로 수평의)

⑫ 항공기 상태

⑬ GPS 상태

⑭ 현재 웨이포인트 번호 〉 웨이포인트까지의 거리

⑮ 현재 비행 모드

나 QGCS

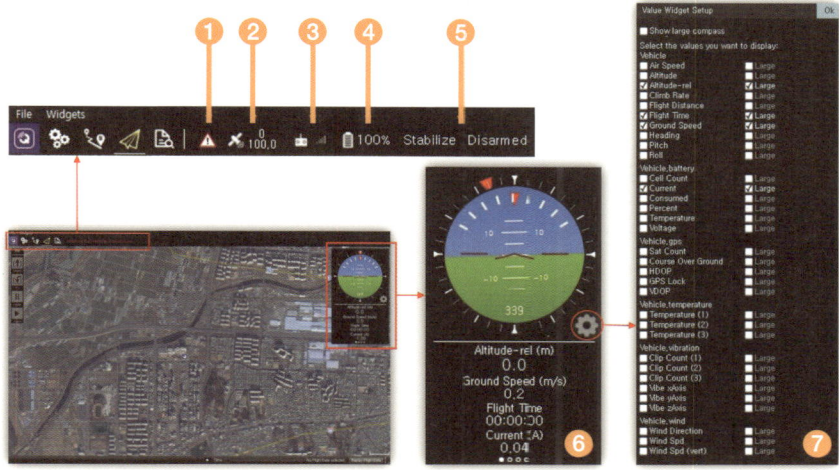

[그림 25-7] QGCS의 메인화면

① 에러 상태 표시 ② GPS 수신율 및 HDOP 수신율
③ 송신기 수신 상태 ④ 배터리 상태 표시
⑤ 비행 모드 표시
⑥ 비행 시간, 기체 수평 상태, 고도, 속도, 전압 상태 등 표시
⑦ 설정(추가 옵션 선택)

다 DJI GCS

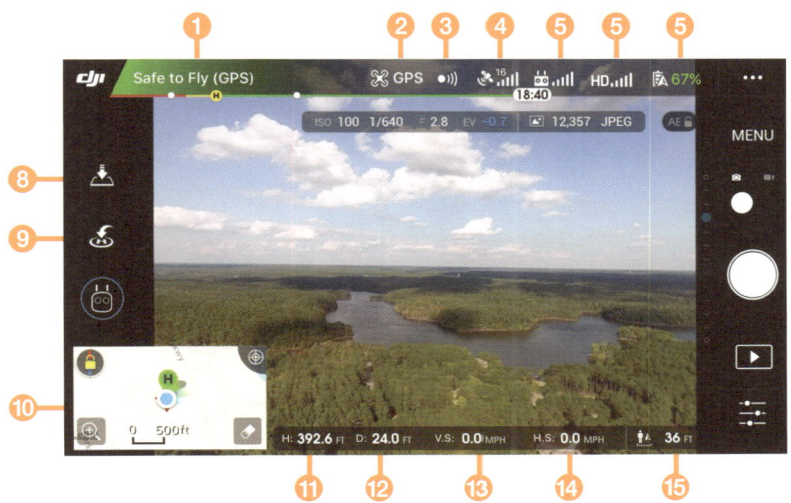

[그림 25-8] DJI GCS의 데인 화면

Chapter 25 지상관제시스템(GCS) 운용 | 227

① 시스템 상태 ② 비행 모드
③ 비전 시스템 상태 설정 ④ GPS 신호 강도
⑤ 송·수신기 수신 상태 ⑥ 영상 송·수신 상태
⑦ 배터리 상태 ⑧ 자동 이·착륙 버튼
⑨ 자동 홈 복귀(RTH) 버튼 ⑩ MAP(기체의 위치 및 방향 상태)
⑪ 지면으로부터의 높이(고도) ⑫ 기체와 홈 포인트와의 거리
⑬ 기체 상승 및 하강 속도 ⑭ 기체 수평 속도
⑮ 조종기와 기체와의 거리

라 기타

[그림 25-9] 카이스트의 지상통제시스템

마 범죄 드론 방어 시스템 예상도

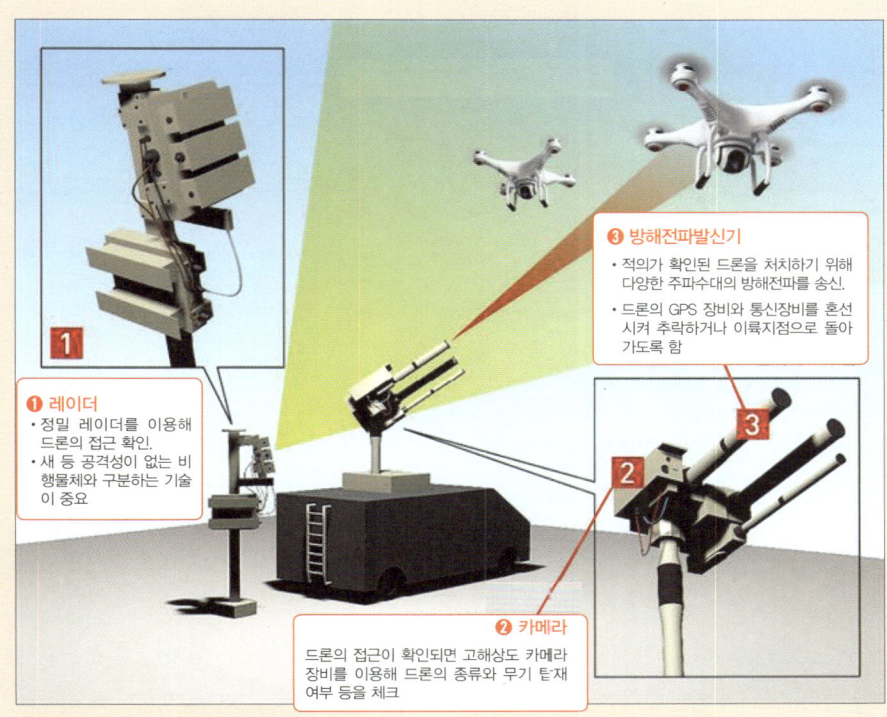

[그림 25-10] 드론 방어 시스템 예시 (출처: 월스트리트저널)

① 세계 최고 수준의 드론 기술을 보유한 미군도 무장 드론을 방어하기 위한 훈련과 장비 개발에 박차를 가하고 있다.

② 미 국방부 국방정보국(DIA)은 2002년부터 비공개로 매년 '블랙 다트(Black Dart)'라고 부르는 드론 공격 대응 훈련을 진행해 왔다. 그런데 DIA는 돌연 2014년 7월 27일 열네 번째 블랙 다트 훈련 현장을 미디어에 공개했다.

③ 당국 관계자는 '미국이 무장 드론 방어를 위해 얼마나 공을 들이고 있는지 모두에게 알리기 위해서였다'고 이유를 설명했다.

④ DIA는 지난해 훈련부터 대형 드론이 아닌 5kg 이하 소형 무장 드론에 대해 특화된 요격 기술을 중점적으로 연마하고 있다.

⑤ DIA 관계자는 '올해 훈련에서는 총 6대의 소형 드론을 가상 적기로 띄우고, 지상에서 레이저, 미사일, 대공포 등을 이용해 요격하는 과정과 함께 첨단 레이저 기술로 빠르게 이들을 무력화하는 기술의 시범이 포함될 것'이라고 밝혔다.

⑥ 뉴욕포스트에 따르면 미 육군은 최근 혁신적인 차세대 드론 대비 스마트 미사일 발사 시스템도 개발해 시험 중이다. 이 시스템은 55mm 포신과 소형 드론 포착에 포커스를 맞춘 레이더와 조준경, 이동경로추적 장치를 장착했다.

⑦ 우연한 '사고'를 방지하기 위해 민간기업도 고민하고 있다. 드론의 '공습' 방어를 위해 발 벗고 나선 곳은 군 당국뿐만 아니라 항공관제당국, 민간 항공사들인데, 이들 기관에서도 같은 문제로 골치를 앓고 있어서 해결책 마련에 애를 쓰고 있다. 영국 민항기 관제당국의 관계자는 '공항이야말로 소형 드론에 의한 공격 위험성이 높은 곳으로, 대응책 마련에 적극적으로 나서고 있다'고 밝혔다.

⑧ 에어버스그룹, 영국 국영항공우주기업인 BAE시스템즈가 속한 유럽군수업체 컨소시엄(MBDA)은 2015년 5월 레이저를 사용해 500m 상공에서 날아오는 소형 드론을 한 번에 격추하는 시범을 보여 눈길을 끌었다.

⑨ WSJ[45]는 '해를 끼치지 않는 새와 적기를 구분하는 기술을 이미 갖추었지만, 새와 비슷한 크기의 드론을 골라내는 작업은 굉장히 힘든 일'이라면서 '자칫 새로 착각해 놓칠 경우 드론에게 방공망이 곧바로 뚫리게 된다.'고 전했다.

⑩ 적의를 품은 경우가 아니어도 드론이 난무하면서 생길 수 있는 사고를 방지하기 위한 기업들의 방지책도 꾸준히 나오고 있다. 최근 전자상거래업체 아마존이 미 항공우주국(NASA) 주최 회의에서 무인기 비행구역 개설을 제안한 사례가 대표적이다.

⑪ WSJ는 '무인기에 식별을 위한 전자칩을 심어 다른 무인기나 항공기와 충돌하지 않게 거리를 두도록 하고 무인기의 용도에 따라 비행 고도를 특정하는 방식 등이 논의되고 있다.'고 보도했다.

(출처: 한국일보(2015. 07. 30.))

---

[45] WSJ(Wall Street Journal): 월 스트리트 저널, 다우존스가 발행하는 조간(토요 휴간)으로, 세계 10대 신문 중 하나이며, 세계적으로 가장 영향력이 큰 경제지이다.

참고 문헌 및 사진 출처

1. '무인비행장치 운용이론', 항공산업기사
2. 네이버 지식백과: 시사상식 사전, '베르누이 정리'
3. 『KISTI의 과학향기 제 986호』, '날고 싶다면 날개를 꺾어라!', (2009.9.23.)
4. 비행장지킴이, '항공기에 미치는 힘', 지킴이의 경량항공기 소식, http://blog.daum.net/flyingip, (2006.10.26.)
5. The Gear, '애플, 지도 제작에 드론 띄운다… 구글 맵에 도전', http://thegear.co.kr/13466 (2016.12.02.)
6. '최병규 전문기자의 골프는 과학이다' (26) 퍼팅의 원리, 서울신문, (2015.12.16.)
7. 골드텔, '드론 조종기 Mode 해설', www.goldtel.co.kr
8. 윤선주, 『항공역학』, 성안당, '무인비행장치운용이론', (2012.4.19.)
9. ㈜열린친구, 'Let's Make a Drone! [2.드론의 구조 및 원리]', https://www.openmakerlab.co.kr/single-post/2016/03/26/Lets-Make-a-Drone-2%EB%93%9C%EB%A1%A0%EC%9D%98-%EA%B5%AC%EC%A1%B0-%EB%B0%8F-%EC%9B%90%EB%A6%AC-, (2016.5.26.)
10. 이강복, 『항공기관·기체·장비 정비 기능사』, '정비와 정비작업', ㈜도서출판 책과 상상 항공기술교육아카데미, (2017.1.2.)
11. 네이버 지식백과: 학생백과, '전동기의 원리'
12. Enssionaut, '항공우주 3.모터와 프로펠러', http://enssionaut.com/xe/board_aerospace/700, (2015.6.23.)
13. SCIPIA 싸이피아, 'A4D 2204 2300KV 모터', http://smartstore.naver.com/scipia/products/650217936
14. ARDUPILOT, 'Motor order diagrams', http://ardupilot.org/copter/docs/connect-escs-and-motors.html
15. WIKIPEDIA, 'Macchina in corrente continua', https://it.wikipedia.org/wiki/Macchina_in_corrente_continua
16. 인디오아시스, RC와 드론을 사랑하는 사람의 이야기 RC스토리, https://m.blog.naver.com/PostView.nhn?blogId=glooory&logNo=220777225684&proxyReferer=https%3A%2F%2Fwww.google.co.kr%2F, (2016.8.1.)
17. ExpertAviator, 'What Is A Constant Speed Propeller? Part 1: The Basics', http://expertaviator.com/2011/10/11/what-is-a-constant-speed-prop-part-1/, (2011.9.11.)
18. DRONE STARTING!, 양현모, '첫 드론을 위한 조종 가이드', https://www.anadronestarting.com/drone-control-basic
19. 글의 작품이 되는 공간 브런치, '드론 배터리 보관법 완전정복', https://brunch.co.kr/@dronestarting/44, (2015.12.18.)

20. Sky Leisure, '초경량비행장치 - 검사신청순서', http://www.airportal.go.kr/skyleisure/info/info_safety01.jsp
21. 국토교통부, 첨단항공과, '무인비행장치(드론) 관련 제도 소개', http://www.molit.go.kr/USR/policyTarget/dtl.jsp?idx=584, (2018.1.29.)
22. 네이버 지식백과: 심리학용어사전, '인적 오류'
23. 글의 작품이 되는 공간 브런치, https://brunch.co.kr
24. 국립전파연구원, 우주전파센터, http://spaceweather.rra.go.kr
25. 드론과 지도, '픽스호크(Pixhawk) 비행 컨트롤러 Guide', http://www.internetmap.kr/entry/Pixhawk-Flight-Controller-Guide?category=578187, (2015.9.3.)
26. DJI DEVELOPER, 'Onboard SDK', http://developer.dji.com
27. DJI DEVELOPER, 'Comparson of On', http://developer.dji.com
28. 이강복, 『항공기관·기체·장비 정비 기능사』, '지상 안전 및 지원', ㈜도서출판 책과 상상 항공기술교육아카데미, (2017.1.2.)
29. 위치백과, '롱_텀_에볼루션', https://ko.wikipedia.org/wiki/롱_텀_에볼루션
30. Jon Mundy, Power Your World, 'What is 5G?', https://5g.co.uk/guides/what-is-5g
31. 김황남, 박경준, 이동준, 『무인항공기/드론』, '드론 무선 통신의 개요 및 이슈', (2016. 2), P.94~95
32. 문성태, 최연주, 김도윤, 성명훈, 공현철,『정보과학회논문지 제43권 제12호』, 'RTK-GPS 기반 실외 군집 비행 시스템 개발', (2016.12.), p.13~17
33. 네이버 지식백과: 센서용어사전, '초음파 센서 [ultrasonic sensor, 超音波-]', (2011.1.20.)
34. 김종덕, 권기수, 이수인『전자통신동향분석 제27권 제6호』'라이다센서 기술 동향 및 응용', 한국전자통신연구원, (2012.12), p.135
35. 위키백과, '매개변수', http://ko.wikipedia.org/wiki/매개변수
36. 정보통신기술진흥센터(전황수), '드론 무선 통신 기술 개발 동향', (2017.10.11.)
37. 국토교통부, '조종자 준수사항', http://www.molit.go.kr/USR/policyTarget/m_24066/dtl.jsp?idx=584
38. 네이버 지식백과: 용어로 보는 IT, '블루투스 [Bluetooth] - 근거리 무선 통신 기술'
39. 네이버 지식백과: 국립중앙과학관, 사물인터넷, '와이파이'
40. Pixhawk2, http://www.proficnc.com
41. ARDUPILOT, http://ardupilot.org/copter/index.html
42. PX4 Pro, http://px4.io
43. HEX, 'Pixhawk2 Assembly Guide', http://www.hex.aero
44. DJI, 'A3/A3 Pro User Manual', https://www.dji.com
45. DJI Store, https://store.dji.com
46. THE VERGE, 'What is 5G?', https://www.theverge.com

47. 한국전자통신연구원(ETRI), '기술경제연구본부', www.etri.re.kr, (2017.7.)
48. 국가법령정보센터, '항공안전법', http://www.law.go.kr/lsInfoP.do?lsiSeq=198281&efYd=20180101#0000
49. 국가법령정보센터, '항공사업법', http://www.law.go.kr/lsInfoP.do?lsiSeq=200240&efYd=20171226#0000
50. AeroChaper, 'The SHELL Model', http://aerochapter.com/notes.php?name=M9:%20Human%20Factors&inst=1&nid=8&top=100
51. 한국심리학회, 네이버 지식백과: 심리학용어사전, '인적 오류 [human error]'
52. 이강준, 권오영, 『항공사고와 인적 요인』, (2002)
53. tiver21, '드론의 무서운 점…', https://m.blog.naver.com/PostView.nhn?blogId=tiver21&logNo=220540282938&proxyReferer=https%3A%2F%2Fwww.google.co.kr%2F, (2015.11.16.)
54. IT를 보고 신화를 읽는 뜨아의 블로그, 뜨아, 'RC 쿼드콥터 cx-10과 모드별 조종법', (2014.10.07.)
55. GooglePlay, Winny Soft, 'Ready to fly - 드론,drone,비행금지', https://play.google.com/store/apps/details?id=com.kwave.dronefly
56. GooglePlay, DroidPlanner Labs, 'Tower beta', https://play.google.com/store/apps/details?id=org.droidplanner.android.beta
57. GooglePlay, Daniel Agar, 'QGroundControl', https://play.google.com/store/apps/details?id=org.mavlink.qgroundcontrol
58. ArduPilot Open Source AutoPilot, http://ardupilot.org
59. 이순미, '이기종 복수 무인항공기의 지상통제시스템 분석 및 연구논문', (2013)
60. 드론과 지도, '픽스호크(Pixhawk) 펌웨어 설치방법 및 연결방법', http://www.internetmap.kr/entry/Loading-Firmware-Onto-Pixhawk, (2015.9.16.)
61. ARDUPILOT, '지상국 사용', http://ardupilot-mega.ru/wiki/arducopter/using-a-ground-station.html
62. 오주형, 'Drone security', 한국인터넷진흥원, https://www.slideshare.net/crazyonly/drone-security, (2016.6.23.)
63. Copter, 'Mission Planning', http://ardupilot.org/planner/index.html
64. '드론의 활용과 이해' [13. 멀티콥터의 종류 및 조종원리], http://dept.saekyung.ac.kr/dept11/?module=file&act=procFileDownload&file_srl=17252&sid=51fd6c436f0139d39304a5ccd7f778d
65. Ferntech, 'Part 2 Propeller Guard for Phantom 3', http://ferntech.co.nz/part-2-propeller-guard-for-phantom-3

찾아보기

용어 색인

숫자

1축 짐벌 · 83
2.4GHz 대역의 채널 분포 · 136
2차 전지 · 173
2축 짐벌 · 83
3GPP(3rd Generation Partnership Project) · 139
3축 가속계(Accelerometer) · 108
3축 자이로스코프(Gyroscope) · 108
3축 짐벌 · 83
5G · 139, 143
5G 애플리케이션 · 41

영어

A - C

A Check · 39
A3 Pro IMU · 104
AeroChapter · 160
Airfoil · 20
Airframe · 123
AM(Amplitude Modulation) · 133
AP(Access Point) · 78
AR(Augmented Reality, 증강현실) · 142
Assistant 2 · 123
ATMEL · 67
Attitude 모드 · 76
B Check · 39
Battery · 127
BEC(Battery Eliminator Circuit) · 66
BEC Power Output · 68
BEC Type · 67
BLHeli-S · 68
BN(Bullnose) 프로펠러 · 73
BusyBee · 67
Buzzer · 99
C Check · 39
CDMA2000 · 140
cdmaOne · 140
CG(Center of Gravity) · 93
Continuous Current · 67

D - F

D Check · 39
DGPS(Differential GPS), 코드 처리 방식 · 109
DJI · 129, 130, 132, 133
DJI A3, A3 Pro · 102
DJI GCS · 217
DJI Lightbridge2 · 105
DJI Mobile SDK · 129, 130
D-shot · 68
DSP(Digital Signal Processor) · 214
E - 환경(Environment) · 161
ESC(Electronic Speed Control) · 43, 49, 52
ESC Calibration · 117
ESC Settings · 125
ESC Signal · 105
Failsafe Settings · 126
FC(Flight Control) · 18, 98
FC(Flight Controller) · 43, 78
FC – Lightbridge2 · 105
FC – S – BUS 수신기 · 106
FC Output · 105
FDD · 140
Flight Restriction · 127
Flight Settings · 126
FM(Frequency Modulation) · 133
FPV(Front Person View) · 59, 78

G - I

G10 · 89
GCS(Ground Control System) · 41, 84, 85, 99, 198, 214
GNSS · 81
GPRS 코어 네트워크 · 139
GPS · 76, 81, 100, 103, 104, 191
GPS & Compass · 100
GPS(Global Positioning System) · 109
GSM · 140
HI-FI(High Fidelity) · 136
HSDPA · 139
IEEE(Institute of Electrical and Electronics Engineers, 전기전자기술협회) · 136
IMU(Inertial Measurement Unit, 관성 측정 장치) · 110
INS 오류 메시지(가속도계와 자이로 이상) · 191
IOC · 128
IRNSS · 81
ISM(Industrial Scientific Medical) · 133, 135, 136

J - M

KK(국내) · 49
KP(세계) · 49
Kv 정격 · 64
LED(Light Emitting Diode) · 84, 44, 103
LI-PO 배터리 · 101
Low Battery Fail Safe · 51
LTE(Long Term Evolution) · 78, 139, 140, 143
Manual 모드 · 76
Mounting · 124
Multishot · 68

O - Q

Onboard SDK · 129, 130
Oneshot125 · 68
Oneshot42 · 68
PCB · 89
PCM(Pulse Code Modulation) · 134
Pixhawk2 · 98, 114
PMU 모듈 · 103
PPM Sum Receiver(수신기) · 99, 100
PPM(Pulse Position Modulation) · 68, 76, 134
PWM(Pulse Width Modulation) · 65, 68, 76, 134
QGCS · 205, 217
QZSS(Quasi-Zenith Satellite System) · 81

R - Z

RC 수신 프로토콜 · 134
RC 통신 주파수 · 133
Receiver · 100
Remote Controller · 125
RTK((Real Time Kinematic) 방식, 반송파 신호를 사용하는 방식) · 109, 110, 119
RTL(Return To Launch) 모드 · 206
S – 소프트웨어(Software) · 161
SAE(System Architecture Evolution) · 139
S-Bus(Serial Bus) · 76, 106, 134
Servo Output · 116
SHELL 모델 · 160, 161, 162
SILAB · 67
Simonk · 68
Sub 1GHz RF · 77
TDD · 140
Telemetry · 99
UBEC 타입 · 67
UMTS · 140
W(Watt) · 64
WiMAX · 139
Y형 헥사로터 · 60

한글

ㄱ - ㄷ

가상 울타리 · 119
가상현실(VR) · 142
가속도 교정 · 115
가속도 센서(Acceleration Sensor) · 79
가속도의 법칙 · 30
간섭(Interference) · 136
간섭항력(Interference Drag) · 26
간섭현상 · 73
갈릴레오(Galileo) · 81
감지기 · 107
감항 · 36, 37
감항증명(Airworthiness Certificate) · 37
강도 · 87
개조(Modification) · 38, 41
거리계 센서 · 80
검사(Inspection) · 41
결함 수정(Defect Rectification) · 41
경도 · 87
경제성 · 36
계자 · 62
고무(Rubber) · 89
고정익(Fixed Wing) · 58
곡예(Akrobatik)비행 · 74
공기역학(空氣力學, Aerodynamics) · 18
공기의 성질 · 19
공기의 흐름 · 19
공장 정비 · 38
관계기관 연락처 · 154, 155
관성 측정 장치(Inertial Measurement Unit) · 80
관성 항법 장치(Inertial Navigation System) · 80
관성의 법칙 · 30
관제권 및 비행 금지 구역 · 188
광기전력 효과 · 111
광도전 효과 · 111
교류(AC) 모터 · 62
교환(Replacement) · 41
구조스캔(Structure Scan) · 208
국토교통부 홈페이지 · 54
권선(Magnet Wire) · 90
그래핀(Graphene) · 174
극외권 · 19
글로나스(GLONASS) · 81
금지 단계 · 48
기본 튜닝 · 120
기압 센서(Barometer Sensor) · 80
기압계(Barometer) · 108, 109
기체 검사 · 169
기체 관리 · 168
기체 부식 · 169, 170, 171
기체 이동 · 171
기체역학 · 18
기초 정비 · 42
기하학적 피치 · 72, 73
깃 끝 · 72

깃각 • 72
깃의 위치 • 72
나침계(Compass) • 79
나침반 • 115
나트륨(Natrium) • 175
낙하산 • 85
날개 두께의 영향 • 21
날개 이론 • 19
날개골의 명칭 • 19, 20
날개의 종류 • 20
너트 • 91
누락, 실행, 대치 오류 • 158
뉴턴역학 제3법칙 • 29, 30
니켈(Nickel) • 174
니켈수소(Ni-MH)전지 • 174
니켈카드뮴(Ni-Cd)전지 • 174
다중 구조 • 213
다중 입·출력 • 139
대기권 • 19
대기의 구성 • 18
대수리 • 38
대시보드(Dashboard) • 123
두께 • 93
뒷전(Trailing Edge) • 19
드론 성능·상태 점검 기록부 • 194
드론 센서의 종류 • 108, 109, 110
드론 외부 센서의 종류 • 110, 111, 112, 113
드론 정비 규칙 • 40
드론 정비 일지 • 193
드론 통신 • 131
드론 통신 장비 • 50
드론 통신 항목의 장점과 단점 • 143
드론 통신의 종류 • 135
드론과 관련된 사고 사진 • 165
드론의 구성 • 41
드론의 구조 강도 • 92
드론의 재료 • 87
드론의 정비 • 41
디지털 직렬 통신 펄스 위치 변조 방식 • 65, 68, 76
딤플 • 24

ㄹ - ㅂ

라이다 센서(LIDAR Sensor) • 111
랜딩기어 • 84
랠리포인트(Rally Points) • 206
러더(Rudder) • 28, 29, 74, 76
레버 • 27
레이싱 드론 • 82
롤(Roll) • 74, 83
리니어(Linear) 모터 • 61
리미트(Limits) • 75
리벳 • 91

리튬 이온 폴리머 배터리 • 101
리튬(Lithium) • 173
리튬이온(Li-ion) • 173
리튬폴리머(Li-Po) • 173
마그네슘(Mg) • 88
막(Diaphragm) • 81
매개변수 & 오류 메시지 • 192
매개변수 SDK • 129
매개변수(파라미터, parameter, 모수) • 114, 121, 122
멀티로터(Multi-rotor) • 58
멀티콥터 • 19
멀티콥터의 비행 원리 • 29
메모리 효과(Memory Effect) • 174
메인프레임(Main Frame) • 58
모기지 • 39
모드 1 • 76
모드 2 • 76
모드 3 • 76
모드 4 • 76
모터 • 61
모터 • 90
모터 스펙 • 64
모터(Motor) 정비 • 42
모터의 원리 • 61
모터의 추력 • 65
목재(Wood) • 89
무게 중심(Centre of Gravity) • 22
무게 중심점 구하기 • 95
무선 교정 • 116
무선적 오류 • 158
무선주파수(Radio Frequency) • 77
미션플래너(Mission Planner) • 114, 202, 215
믹서(Mixer) • 75
바니시(Varnish) • 90
반환 기지 • 39
받음각 • 72, 21, 22
받음각(Angel of Attack) • 19
배터리 Warning • 102
배터리 관리 • 172
배터리 구입 • 178, 179
배터리 보관 • 179, 180
배터리 알림 창 • 118
배터리 충전법 • 175, 176, 177, 178
배터리의 종류 • 172
밸런스 충전 • 177
범죄 드론 방어 시스템 예상도 • 219, 220
베르누이 • 23
베르누이의 법칙(Bernoulli's Theorem) • 19, 29
베르누이의 정리 • 30
베이더우(北斗) • 81

벤치 체크 • 39
변속기(Electronic Speed Control) • 39, 65, 185
보드 전압 오류 메시지 • 192
보험가입 • 156
볼트 • 91
부유구체 드론 디스플레이 • 84
분해(Overhaul) • 41
붙임각(취부각) • 21
브러시(BDC) 모터 • 62
블루투스(Bluetooth) • 77, 135, 143
비상 상황 및 위험 감지 • 189
비전 센서 • 80
비전 포지셔닝 • 112, 113
비프음 • 95
비행 모드 • 76, 117
비행 상태 확인 • 186
비행 중 안전 • 50
비행금지 시간대 • 54
비행금지 장소 • 54
비행금지 행위 • 54
비행역학 • 22
비행체 운용 • 189

ㅅ - ㅊ

사고 방지 • 47
사물 인터넷(IoT) • 142
산발적 오류 • 158
상대풍(Relative Airflow) • 19
상부 표면(Upper Camber) • 19
상황별 지상 안전 • 48
생크 • 72
서보(Servo) • 84
성층권 • 17
센서(Sensor) • 79, 80, 107
셀룰러 시스템 • 138, 143
소나(Sonar) • 110
소비 전력 • 64
소수리 • 37
수동 그리드 • 207
수동 비행 • 198, 199, 201
수리(Repair) • 37, 41
수신기 • 76
수평 좌우 회전 비행 • 32
순철 • 88
스로틀(Throttle) • 28, 29, 74, 76
스마트그리드(Smart Grid) • 142
스위치(Switch) • 74, 100
스틱(Stick) • 74
슬립(Slip) • 72
시리얼(Serial) 방식 • 76
시위선(Chord Line) • 19
신고 절차 • 186, 187

아날로그 통신 펄스 폭 변조 방식 • 68, 76
안전 단계 • 48
안전 스위치(Safety Switch) • 100
안전 장치 • 118
알루미늄(Aluminum) • 88
암(arm) • 58, 59
앞전(Leading Edge) • 19
양력(Lift) • 22, 23, 24, 69
에어포일(Airfoil) • 20
에일러론(Aileron) • 28, 29, 74, 76
엘리베이터(Elevator) • 28, 29, 74
역방향(Counter Clock Wise) • 71
연성 • 87
열권 • 19
예방 정비(보수) • 37, 40
오류 메시지의 종류 • 190, 191
오버홀 • 38, 39
오픈 소스(Open Source) • 78
옥타로터 • 60
옥토(OPTO Type) • 66
옥토콥터 • 60
온도별 전압 • 181
와셔 • 91
와이파이(Wi-Fi; Wireless Fidelity) • 77, 78, 135, 143
외관 관리 • 168
외력 • 23
요(Yaw) • 74, 83
운항 정비 • 38
웨이포인트 • 202, 203, 204, 205
위성통신 • 137, 143
위치 보정 데이터(Correction Data) • 110
위크스와 홀랜즈의 인간의 정보 처리 과정 • 160
유도항력(Induced Drag) • 25, 26
유체 밀도 • 19
유체역학 • 18
유한날개(Finite Wing) • 25
유해항력(Parasite Drag) • 26
유효 피치 • 72, 73
응력(Stress) • 170
이륙(Take Off) • 189
이용 동력(Power Available) • 70
인성 • 87
인적 오류 관련 요인 • 162
인적 오류(Human Error) • 157, 158, 162, 158, 159, 162, 163, 164
인적 요인(Human Factors) • 157, 162, 164
일반적인 정비(보수) • 37
자기장 및 날씨 • 48

용어 색인 | 235

자동 비행 • 198
자력계(Magnetometer) • 108
자이로 센서(Gyro Sensor) • 79
자이로 현상 • 60
작용 반작용 • 29, 30
작용, 반작용의 법칙 • 30
재료의 성질 • 87
적외선 센서 • 111
적외선 통신 • 78
적재중량 • 93
전 지구 위성항법 시스템(Global Navigation Satellite System) • 81
전기자 • 62
전기제어(BEC Type) • 66
전도성 • 87
전성 • 87
전자변속기 • 69
전진비행 • 31
전파 인증 • 77
전파, 주파수, 채널의 관계 • 132
전항력(Total Drag) • 26
접이식(Folding) • 59
정류자 • 62
정방향(Clock Wise) • 71
정비의 개념 • 36
정비의 단계 • 38
정비의 등급 • 39
정비의 목적 • 36
정비의 분류 • 41
정시성 • 36
정전류(Constant Current) 충전법 • 175, 176
정전압(Constant Voltage) 충전법 • 176
정지비행(호버링, Hovering) • 31
제12장 벌칙 • 152, 153, 154
제원표 • 65
젤로현상(Jello Effect) • 184
조종 모드 • 27, 198
조종기 • 74
조종기 모드 • 76
조종자 준수 사항 • 53
조종자 증명 취소나 효력의 정지 • 149, 150
조파항력(Wave Drag) • 25, 26
종착 기지 • 39
좌우 비행 • 32
좌우 회전 비행 • 32
주의 단계 • 48
주파수 • 131
주파수 호핑(Frequency Hopping) 방식 • 135
준텐초(準千頂, QZSS) • 81

중간권 • 19
중력(Weight) • 22, 23
중력에 의한 회전력(Torque) • 94
중심 위치 • 94, 96
지면 효과(Cround Effect) • 52
지상 안전 • 46
지상관제시스템(GCS) • 211
지오태깅(Geotagging) • 207
지오펜스(GeoFence) • 205
지자계 센서(Magnetic Field Sensor) • 79
직교주파수분할 • 139
직류(DC) 모터 • 62
짐벌 • 83
짐벌의 종류 • 83

ㅊ - ㅎ

착륙(Landing) • 189
채널 • 132
체결 공구 • 90
체계적 오류 • 158
초경량 비행장치 신고 과정 • 149
초경량비행장치 • 147
초경량비행장치 변경 신고 • 148
초경량비행장치 비행 승인 • 151
초경량비행장치 사용사업의 등록 〈항공사업법 제48조〉 • 155
초경량비행장치 사용사업의 등록불가요건 〈개정 2017.12.26.〉 • 156
초경량비행장치 사용사업의 등록요건 〈개정 2016.12.2.〉 • 155
초경량비행장치 사용사업자 정의 • 155
초경량비행장치 신고 • 147
초경량비행장치 안전성 인증 • 148
초경량비행장치 조종자 준수사항 • 151
초경량비행장치 조종자 증명 • 148
초음속 선형이론 • 25
초음파 센서(Ultrasonic Sensor) • 110
총중량 • 93
촬영용 드론 • 82
추력(Thrust) • 22, 23. 70, 93
추진 원리 • 29
축(Axis) • 27
축의 위치 • 94
출발 기지 • 39
충전 과정 • 176
충전 속도 • 177
충전 시 유의 사항 • 177, 178
충전기 출력 • 177
취성 • 87
측량(Survey) • 206

코어(Hore) • 90
콕사콥터 • 60
쾌적성 • 36
쿼드콥터(Quadcopter) • 58, 60
클로즈드 소스(Closed Source) • 78
탄성 • 87
탄소강 • 88
탄소섬유 프레임(Carbon Fiber Frame) • 58
탄소섬유(Carbon) • 88
텔렉스(Telex) • 131
통신 • 131
통신위성 • 78
튜닝 확장 • 120
트리콥터 • 60
트림(Trim) • 74
특수강 • 88
티타늄(Titanium) • 89
파발(擺撥) • 131
파워 모듈 • 102
파지법 • 27
펄스 폭 변조 • 65, 68, 76
펌웨어 설치 • 114
페이로드(Payload) • 188
페일세이프(Fail Safe) • 51
포트(Pot) • 74
폴딩(Folding) 프로펠러 • 73
폼(Foam) • 89
프레임 • 58, 115
프레임(Frame) 정비 • 42
프로펠러 • 69, 90, 182
프로펠러 가드(Propeller Guard) • 86
프로펠러 관리 • 182, 183
프로펠러 균형 • 184
프로펠러 깃 • 72
프로펠러 피치 • 72
프로펠러(Propeller) 정비 • 42
프로펠러의 방향 • 71
프로펠러의 원리 • 69
프로펠러의 효율성 • 70, 73
프롭밸런싱(Prop Balancing) • 184
플라스틱(Plastic) • 88
플레밍의 왼손법칙 • 61
피치(Pitch) • 72, 74, 82, 83
피치각(유입각) • 72
픽스호크(Pixhawk) • 214
하부 표면(Lower Camber) • 19
항공기 정비업자에 대한 안전관리(유인기 기준) • 147
항공기 정비의 목적 • 36
항공사업법 • 146, 155
항공사업법 목적 〈항공사업법 제1장 제1조〉 • 155

항공안전법 • 146
항력(Drag) • 22, 23, 24
허브 • 72
헥사콥터 • 60
헬리콥터 • 58
형상항력(Profile Drag) • 24, 26
형태항력(Form Drag) • 26
호스트의 사용 구조 • 213
홀로그램 • 142
회전 방식 • 64
회전력(Torque) • 64
회전익(Rotor) • 58, 69
후진비행 • 31
휠베이스 • 59
흔들림 없는 축 • 94

주석 색인

1. 에어포일(Airfoil): 양력을 최대화하고 항력을 최소화하도록 효율적으로 만든 유선형의 날개 단면 • 20
2. 기류박리: 표면에 흐르는 기류가 풍판의 표면과 공기 입자 간의 마찰력 때문에 표면으로부터 떨어져 나가는 현상을 말한다. 또한 항공역학적인 측면에서 박리는 에어포일 표면을 흐르는 기류가 에어포일의 표면에서 떨어지는 현상을 말하는데, 7 계공학에서 기류박리는 원통형 쇠를 사과껍질을 깎듯이 떨어져 나가고 있는 것이다. • 21
3. 후류(Wake): 정지 유체 속을 물체가 운동할 때 물체의 뒤를 좇는 것처럼 보이는 흐름. 항행중인 배의 뒤에 나타나는 항적은 그 예시이다. • 24
4. 감항증명(Airworthiness Certificate): 민간항공기에 대한 사고방지의 관점에서 그 항공기가 항공하기에 적합한지, 안전성과 신뢰성을 갖고 있는지에 대한 증명 • 37
5. 페일세이프(Fail Safe): 기계가 고장났을 경우 그대로 폭주해서 사고 및 재해로 연결되는 일 없이 안전을 확보하는 기구 • 51
6. 지면 효과(Ground Effect): 항공기가 이·착륙비행에서 지면에 가깝게 낮은 고도로 비행하는 경우 양력이 증가하는 효과 • 52
7. 자이로 현상: 뒤쪽의 강한 힘이 관성과 여러가지 다른 힘에 반응하여 무게 중심이 있는 앞쪽보다 앞서 나가려는 현상 • 60
8. 플레밍의 왼손법칙: 자기장 속에 있는 도선에 전류가 흐를 때 자기장의 방향과 도선에 흐르는 전류의 방향으로 도선이 받는 힘의 방향을 결정하는 규칙 • 61
9. 전기자: 전자(電磁) 장치에서 고정 부분에 대하여 회전 또는 이동운동에 의해서 전기-기계 에너지 변환 또는 회로의 개폐 등을 는 부분 • 62
10. 계자: 모터나 발전기에서 NS의 자극(磁極)을 이루는 부분 • 62
11. 정류자: 전동기의 전기자(회전 부분) 권선에 교류를 가할 때 언제나 일정 방향의 회전을 얻기 위해 필요한 것으로, 1조의 브러시를 통하여 계자 권선과 전기적으로 접촉하고 있다. • 62
12. 제원표: 기계류의 성능과 특성을 나타내는 치수나 무게 등을 적은 표 • 65
13. PWM(Pulse Width Modulation): 펄스 폭 변조 • 65
14. 간섭현상: 물리학의 개념으로 두 개의 파동이 한 점에서 만났을 때 서로 소멸되거나 보강되면서 새로운 파장을 만들어내는 것을 의미한다. • 73
15. PWM(Pulse Width Modulation) • 76
16. PPM(Pulse Per Minute) • 76
17. AP(Access Point): 접근점. 무선 LAN에서 기지국 역할을 하는 소출력 무선기기를 말한다. • 78
18. GNSS(Global Navigation Satellite System): 인공위성을 이용하여 지상물의 위치, 고도, 속도 등에 관한 정보를 제공하는 시스템 • 81
19. 피치(Pitch): 가로 축이고, 항공기 왼쪽에서 무게 중심점을 통과해서 오른쪽 끝으로 연결되는 축 • 83
20. 롤(Roll): 기체의 앞쪽 기수부터 뒤쪽 꼬리를 통과하는 축 • 83
21. 요(Yaw): 기체의 위쪽에서 무게 중심점으로 통과해서 아래쪽으로 이어지는 축 • 83
22. 서보(Servo): 어떤 장치의 상태를 기준이 되는 것과 비교하고, 안정이 되는 방향으로 피드백(Feedback)해서 가장 적합하도록 자동 제어하는 것 • 84
23. 바니시(Varnish): 도막 형성을 위해 사용하는 도료 • 90
24. 회전력(Torque): 물체에 작용하여 물체를 회전시키는 원인이 되는 물리량으로, '비틀림 모멘트'라고도 한다. 단위는 N·m 또는 kgf·m을 사용한다. • 94
25. 비프음: '삐' 음으로, 스피커에서 소리가 나게 하는 프로그램의 명령어 • 99
26. 소나(Sonar): 바닷속의 물체의 탐지나 표정에 사용되는 음향표정장치 • 110
27. 광도전 효과: 빛을 비추었을 때 내부의 전기 전도도가 높아지는 효과 • 111
28. 광기전력 효과: 어떤 종류의 반도체에 빛을 쪼일 때 기전력이 생기는 효과. 이때 생기는 기전력을 '광기전력(光起電力)'이라고 한다. • 111
29. 파발(擺撥): 조선 전기 이후 변경(邊境)의 군사정세를 중앙에 신속히 전달하고, 중앙의 시달 사항을 변경에 전달하기 위해 설치한 특수 통신망 • 131
30. 텔렉스(Telex): 가입자 상호간에 직접적으로 비동기식 인쇄전신기를 사용하여 대화식 통신을 행하는 전신 서비스이다. • 131
31. Hi-Fi: 하이 피델리티(High Fidelity)의 줄임말이다. 일반적으로 전기음향 용어로 사용되며, 사람의 가청 주파수 16Hz~20KHz 범위의 저음부에서 고음부까지를 균일하게 재생할 수 있는 음향기기의 특성을 말한다. • 136
32. 전기전자기술자협회(IEEE) • 136
33. 직교주파수분할: 고속의 송신신호를 다수의 직교(Orthogonal)하는 협대역 반송파로 다중화시키는 변조 방식 • 139
34. 다중 입·출력: 다중의 입·출력이 가능한 안테나 시스템 • 139
35. 스마트그리드(Smart Grid): 전력 공급자와 소비자가 실시간 정보를 교환해서 에너지 효율성을 최적화하는 차세대 지능형 전력망 • 142
36. 라이브웨어(Liveware): 컴퓨터 하드웨어나 소프트웨어와 대조되는 말로, 컴퓨터를 운용하는 사람들을 가리킨다. • 161
37. 응력(Stress): 재료에 압축, 인장, 굽힘, 비틀림 등의 하중(외력)을 가했을 때 그 크기에 대응하여 재료에 생기는 저항력 • 170
38. 메모리 효과(Memory Effect): 충전지가 완전히 방전되기 이전에 재충전하면 전기량이 남아 있어도 충전기가 완전 방전으로 기억(Memory)하는 효과를 가지게 되어, 최초에 가지고 있던 충전 용량보다 줄어들면서 충전지 수명이 줄어드는 현상 • 174
39. 젤로현상(Jello Effect): 고주파 진동 등으로 카메라를 좌우로 왔다 갔다 할 경우 화면의 중간이 끊어진 것처럼 보이는 현상 • 184
40. 페이로드(Payload): 여객기의 승객, 우편, 수하물, 화물 등의 중량 합계 • 188
41. 아두이노(Arduino): 물리적인 세계를 감지하고 제어할 수 있는 인터랙티브 객체들과 디지털 장치를 만들기 위한 도구로, 간단한 마이크로컨트롤러(Microcontroller) 보드를 기반으로 한 오픈 소스 컴퓨팅 플랫폼과 소프트웨어 개발 환경을 갈한다. • 202
42. 지오태깅(Geotagging): 지상 사진이나 비디오 등을 이용한 다양한 미디어에 지리적 위치를 알 수 있는 메타데이터를 추가하는 것이다. • 207
43. MAVLINK: UAV 명령 표준 프로토콜(규격만 맞추면 사용자가 원하는 명령을 내릴 수 있다. • 214
44. 프로토콜: 복수의 컴퓨터 사이나 중앙 컴퓨터와 단말기 사이에서 데이터 통신을 원활하게 하기 위해 필요한 통신규약. 신호 송신의 순서, 데이터의 표현법, 오류(誤謬) 검출법 등을 정한다. • 214
45. WSJ(Wall Street Journal): 월 스트리트 저널, 다우존스가 발행하는 조간(토요 휴간)으로, 세계10대 신문 중 하나이며, 세계적으로 가장 영향력이 큰 경제지이다. • 220

드론 정비 자격증 시대를 완벽 대비
드론 정비 개론

2018. 11. 14. 초 판 1쇄 발행
2021. 6. 23. 초 판 2쇄 발행

지은이 | 김영준, 유지창, 장선호, 최명수, 홍성호
감　수 | 류지형
펴낸이 | 이종춘
펴낸곳 | BM ㈜도서출판 성안당

주소 | 04032 서울시 마포구 양화로 127 첨단빌딩 3층(출판기획 R&D 센터)
　　　10881 경기도 파주시 문발로 112 파주 출판 문화도시(제작 및 물류)
전화 | 02) 3142-0036
　　　031) 950-6300
팩스 | 031) 955-0510
등록 | 1973. 2. 1. 제406-2005-000046호
출판사 홈페이지 | www.cyber.co.kr
ISBN | 978-89-315-5574-5 (13000)
정가 | 22,000원

이 책을 만든 사람들
책임 | 최옥현
편집·진행 | 조혜란
교정·교열 | 안혜희
본문·표지 디자인 | 인투
홍보 | 김계향, 유미나, 서세원
국제부 | 이선민, 조혜란, 김혜숙
마케팅 | 구본철, 차정욱, 나진호, 이동후, 강호묵
마케팅 지원 | 장상범, 박지연
제작 | 김유석

이 책의 어느 부분도 저작권자나 BM ㈜도서출판 성안당 발행인의 승인 문서 없이 일부 또는 전부를 사진 복사나 디스크 복사 및 기타 정보 재생 시스템을 비롯하여 현재 알려지거나 향후 발명될 어떤 전기적, 기계적 또는 다른 수단을 통해 복사하거나 재생하거나 이용할 수 없음.

■ 도서 A/S 안내

성안당에서 발행하는 모든 도서는 저자와 출판사, 그리고 독자가 함께 만들어 나갑니다.
좋은 책을 펴내기 위해 많은 노력을 기울이고 있습니다. 혹시라도 내용상의 오류나 오탈자 등이 발견되면 "좋은 책은 나라의 보배"로서 우리 모두가 함께 만들어 간다는 마음으로 연락주시기 바랍니다. 수정 보완하여 더 나은 책이 되도록 최선을 다하겠습니다.
성안당은 늘 독자 여러분들의 소중한 의견을 기다리고 있습니다. 좋은 의견을 보내주시는 분께는 성안당 쇼핑몰의 포인트(3,000포인트)를 적립해 드립니다.
잘못 만들어진 책이나 부록 등이 파손된 경우에는 교환해 드립니다.